飾って、食べて、暮らしを楽しむ

半日陰を生かした美しい庭づくり

増田由希子

introduction

毎年旅行に出かけていた八ヶ岳のような自然の風景をいつでも眺めていたい。
14年前、そんな思いで庭づくりを始めました。
窓から木々の緑が見え、風に枝葉が揺れる。
庭全体をじっくり見渡し、部屋からの眺めも思い描きました。
理想の風景になったのは、庭づくりを始めてから10年くらいたったころでしょうか。

初めのころは、憧れのイングリッシュガーデンで見るような
宿根草や一年草をたくさん植えていたけれど、
三方を家屋に囲まれたわが家の庭は、どうしても日照が不足しがち。
樹木も植えているので、半日陰の場所が多く、
生育条件が合わない植物は淘汰されてしまいました。
植えた植物が何度も枯れてしまい、失敗を繰り返した結果、
半日陰でも育つ草花や、背丈が伸びて自ら日差しを得られる低木が残りました。
庭の条件に適するものは残り、そうでないものは消え去る……。

当初、思い描いていたイングリッシュガーデンとは違う風景にはなったけれど、
樹木をたくさん植えたことで自然と鳥が集まってくるように。
落葉樹は、開花、新緑、紅葉、落葉と季節の巡りを感じさせてくれます。

本書では、半日陰でもよく育つ庭づくりについて、自らの経験をもとにお話しするほか、
庭で育てた植物を、暮らしに取り入れるアイディアもたっぷりとご紹介します。
お花屋さんには売っていない自然な枝ぶりの樹木や、自由奔放に伸びる草花。
それらを、庭の風景をそのまま切り取るようにナチュラルに生けます。
そして初夏はジューンベリーやハーブ、夏はブドウなど、食べる楽しみも。

14年かけて育ててきた庭づくりの楽しさと
植物のある暮らしの魅力を、少しでもお伝えできればうれしいです。

増田由希子

contents

わが家の庭を紹介します … 8
庭のプランニング … 10
庭の樹木、14年間の変遷 … 11
庭のエクステリア … 14

Part 1 (Spring)

春の庭を楽しむ

春の庭の様子 … 18
苗を植える … 21
ベジトラグのすすめ … 22
ラディッシュを育てる … 23

[飾って楽しむ]
球根のリースを作る … 24
球根ごと飾る … 26
チューリップとスノーボールを生ける … 27
ユキヤナギを生ける … 28
フランネルフラワーを生ける … 29
ユキヤナギとパンジーの
　フレッシュリースを作る … 30
ライラックとラベンダーを生ける … 32
ジューンベリーの花を生ける … 33

[食べて楽しむ]
ドライハーブを作る／
　ハーブソルトを作る … 34
ワイヤーハンガーを作る … 36
ハーブバターを作る … 38
ラディッシュのサラダを作る … 39

Part 2（Early Summer）
初夏の庭を楽しむ

初夏の庭の様子…42

[飾って楽しむ]
ラベンダーのスワッグを作る…48
ディアスキア・ダーラと
　ギボウシを生ける…50
ユーカリのリースを作る…51
テイカカズラを生ける…52
ジューンベリーの実と
　スモークツリーを生ける…53
カシワバアジサイを生ける…54
ダリアとアナベルを生ける…55

[食べて楽しむ]
ジューンベリーのジャムを作る…56
ローズマリーポテトを作る…58
チーズのハーブオイル漬けを作る…59
ハーブティー、
　ハーブウォーターを作る…60

Part 3（Summer）
夏の庭を楽しむ

夏の庭の様子…64

[飾って楽しむ]
タッジーマッジーを作る…66
ブッドレアを生ける…68
ミナヅキを生ける…69

[食べて楽しむ]
ブドウジュースを作る…70
バジルペーストを作る…72
夏野菜とハーブのオムレツを作る…74
レモングラスオイルを作る…76
セミドライトマトの
　ハーブオイル漬けを作る…78

[香りを楽しむ]
ホワイトセージの
　ルームスプレーを作る…79

contents

Part 4 (Autumn)
秋の庭を楽しむ

秋の庭の様子…82

[飾って楽しむ]
チョコレートコスモスを生ける…88
秋の花を生ける…89
マルバノキの紅葉を生ける…90
カシワバアジサイのドライを飾る…91
いろいろなドライフラワー…92

Part 5 (Winter)
冬の庭を楽しむ

冬の庭の様子…96

[飾って楽しむ]
クリスマスローズを生ける…98
クリスマスローズを水に浮かべる…99
押し花を作る…100
押し花を額に飾る…102
クリスマスツリーを飾る…103
ローズマリーのキャンドルリースを作る…104

[食べて楽しむ]
お菓子に花を添える…106

[香りを楽しむ]
ホワイトセージを焚く…107

庭づくりの基本
道具について…108
土について/鉢植えに使う道具…110
土をつくる/肥料と薬剤…111

花生けの基本
水揚げについて…112

Part 6 (Catalog)
樹木と草花とハーブのカタログ

樹木
ジューンベリー…116
ブドウ…117
ギンドロ / ロシアンオリーブ…118
マルバノキ / スモークツリー…119
ヒメシャラ / シラカバ…120
シマトネリコ / ユーカリ /
　コルジリネ・オーストラリス…121
ユキヤナギ / テイカカズラ…122
カシワバアジサイ /
　ビバーナム・スノーボール…123
ピンクアナベル / アジサイ / ミナヅキ…124
テリハノイバラ / ブッドレア / ライラック…125
アカシア・クレイワトル / モミ /
　ワイヤープランツ…126

球根植物
チューリップ…127
スノードロップ / アイリス / ムスカリ…128
シラー / ダリア / アリウム…129
ヒヤシンス /
　シラー・カンパニュラータ…130

ハーブ
ラベンダー / ローズマリー…131
タイム / セージ…132
スイートバジル / ホーリーバジル /
　レモンマリーゴールド…133
イタリアンパセリ / パセリ / チャイブ…134
オレガノ / エキナセア / タラゴン…135
フェンネル / レモンバーム /
　レモングラス…136

一年草
パンジー / ワスレナグサ…137
ルピナス / ブラックレースフラワー…138

多年草
クリスマスローズ / スズラン /
　ディアスキア・ダーラ…139
アルメリア / フランネルフラワー /
　カンパニュラ…140
アカンサス・モリス /
　チョコレートコスモス…141
カリガネソウ / シュウメイギク /
　ペニセタム…142
カレックス / ギボウシ / ユキノシタ…143

01 My Garden

わが家の庭を紹介します

住宅街の一角にあるわが家は、北側以外の三方を家屋に囲まれています。
北側の庭は道路に面した高台に位置し、
敷地の下にある駐車場脇に小さな植栽スペースがあります。

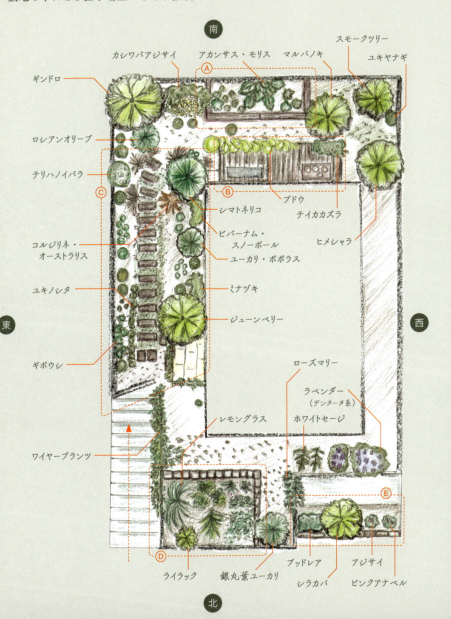

その他の草花

Ⓐ 南側の花壇
- チューリップ
- カンパニュラ
- シュウメイギク

Ⓑ ウッドデッキ

Ⓒ 小道の花壇
- スノードロップ
- アイリス
- ムスカリ
- シラー
- アリウム
- ヒヤシンス
- シラー・カンパニュラータ
- エキナセア
- ワスレナグサ
- ルピナス
- ブラックレースフラワー
- クリスマスローズ
- スズラン
- ディアスキア・ダーラ
- アルメリア
- チョコレートコスモス
- カリガネソウ
- ペニセタム
- カレックス

Ⓓ 北側のハーブガーデン
- コモンタイム
- ホーリーバジル
- レモンマリーゴールド
- イタリアンパセリ
- パセリ
- チャイブ
- オレガノ
- フレンチタラゴン

Ⓔ 駐車場脇の花壇
- フレンチタイム
- クリーピングタイム
- フェンネル
- レモンバーム

鉢植えの植物
- アカシア・クレイワトル
- モミ
- ダリア
- フレンチラベンダー
- スイートバジル
- パンジー
- フランネルフラワー

Ⓐ 南側の花壇

Ⓑ ウッドデッキ

Ⓒ 小道の花壇

Ⓓ 北側のハーブガーデン

Ⓔ 駐車場脇の花壇

Garden Planning

庭のプランニング

　14年前にこの家に引っ越してきたとき、庭は雑草だらけで荒れ放題。最初の仕事は雑草をすべて抜くことでした。以前はマンション住まいでしたので、念願かなってのはじめての庭づくり。どういう庭にするか、樹木は何を植えるかをじっくりと考え、樹木は一度に植えずに、少しずつ増やしていくことにしました。

　まずは、エリアごとにイメージを決め、エリアをつなぐ部分が自然な流れになるようにプランニング。門から続く小道、リビングに面した南側のメインの庭、そして、北側の高台で風通しがよいスペース。さらに、階段下の駐車場脇にある、道路に面した北側の小さなスペース。植える場所はこの4か所です。

　特に、門からメインの庭へと続く小道をひとつの流れにして、枕木風の石を敷き、小道を歩きながら左右の草花を眺められるように。そこから奥の庭へと風景がつながるように設計しました。門のすぐ脇にはシンボルツリーのジューンベリー。そして小道の奥の視線の先には大きく育つギンドロを。

樹木は落葉樹だけでなく常緑樹も取り入れることで、冬でも緑があって寂しくなりません。

　南向きのメインの庭には木枠で花壇を作り、花壇以外の場所には敷石を敷き詰めて、植栽エリアと構造物をくっきり分けることでメリハリをつけます。植栽は白花を基調にしてブルーや紫色を差し色に。全体的にグリーンが多い庭ですが、ひとくちにグリーンといっても多種多様。さまざまな色や葉の形があり、カラーリーフやオーナメンタルグラス(*)などを組み合わせることで、グリーンだけでも華やかな風景をつくることができます。葉が大きいものと細かいものなど、葉形が違うものを隣り合わせに配置すると、お互いを引き立て合います。

　隣家に囲まれ、日照が少ない庭ですので、日光に向かって大きく伸びる樹木は別として、草花は半日陰でも育つ品種を選ぶのがポイント。日当たりのよい場所を好む品種は鉢植えで育て、日当たりに応じて移動できるようにしています。

＊オーナメンタルグラス…オーナメント（装飾）のような存在感のあるグラス（草）のことで、庭の中でひときわ目を引く特徴をもつ。カレックスやペニセタムなど、光を浴びてキラキラ光る穂状のものを指すことが多い。

庭の樹木、14年間の変遷

何もない庭に少しずつ樹木を植えて増やし、14年たって今の状態になりました。購入時は1.5mほどだった苗木が、今では家の二階ほどの高さにまで成長したものも。ここでは、購入した順に、その樹木を選んだ理由や育て方などをご紹介します。

2010

- ジューンベリー
- シマトネリコ
- シラカバ
- ライラック

2012

- ギンドロ
- マルバノキ
- ヒメシャラ
- ユーカリ
- テリハノイバラ

2014

- スモークツリー
- コルジリネ・オーストラリス
- ワイヤープランツ
- ミナヅキ

■ 四季ごとに変化が楽しめるジューンベリーをシンボルツリーにしたいとは、最初から思っていました。落葉樹のジューンベリーに対して、常緑樹のシマトネリコを第二のシンボルツリーに。憧れの信州の風景を思い起こさせるシラカバは、近所のお宅で大きく育っていたので、環境が合いそうだとセレクト。ライラックは大好きな花で、最初は南側と北側に1本ずつ植えたのですが、夏の暑さに弱いためか、北側の風通しがよく、乾燥ぎみの場所に植えた1本だけが残りました。

■ 門を入った真正面の、視線が行きつく先に樹木が欲しくてギンドロを植えました。樹木全体が白っぽく、葉の裏も白いため明るい雰囲気に。隣家のフェンスが隠れるのもちょうどよいのです。南側に仲間入りしたマルバノキとヒメシャラは、どちらも紅葉が楽しめる品種。ユーカリは4種類くらいを植えましたが、現在は2本が残り、南側のポポラスが大きく育っています。テリハノイバラは山野草セットに入っていた小さな苗でしたが、つるが伸びてアーチになるほど大きく育ちました。

■ ふわふわとした穂が風に揺れる姿が美しいスモークツリー。穂がグリーンから白に変わる品種で、紅葉も美しいです。すっと伸びた赤い葉が緑の中で異彩を放つコルジリネは、花の少ない時季にアクセントとなります。ワイヤープランツは小さな苗をひとつ北側のフェンス近くに植えたところ、フェンスを覆い隠すほど広がってしまい、剪定が追いつかないほど。低木のミナヅキは、門の近くにある高木のジューンベリーとポポラスの間に植え、小道の樹木を充実させました。

Garden Planning

2016
カシワバアジサイ

2017
ブドウ
テイカズラ

2018
ビバーナム・
スノーボール

■ 日当たりを好むカシワバアジサイは南側の花壇に。小さな苗を植えたところ、よく育ってボリュームが出て、隣家との間のコンクリートの壁を隠してくれました。初夏から夏にかけての庭の主役となるだけでなく、秋に白から茶色に変わる花色の変化も楽しく、紅葉も美しいです。

■ 紅葉を楽しみたくてウッドデッキのコーナーに植えたブドウ。期待していなかったのですが、実がよくつき、大きく伸びる葉が隣の家からの目隠しの役割も果たしてくれました。もちろん、紅葉は素晴らしい。テイカズラはウッドデッキのブドウと逆のコーナーに植えたところ、柱につるが絡まってどんどん大きくなり、初夏には淡いオレンジ色の風車のような小花をたくさん咲かせます。

■ 小道にある高木のシマトネリコとユーカリ・ポポラスの間に、低木のスノーボールを植えました。高さが異なる樹木を隣同士に植えるのがポイント。シマトネリコとポポラスは目線よりだいぶ高い位置に葉がつきますが、これは目線近くに白いボール状の花が咲くので華やかです。

2019　　　　　　　　2021~22　　　　　　　2023

ロシアンオリーブ　　　ピンクアナベル　　　　ユキヤナギ
ブッドレア　　　　　　アジサイ

■ギンドロの手前にあるロシアン　　■ピンクアナベルとアジサイは、　　■春に可憐な白い花を咲かせ
オリーブは、実は鉢植えで育て　　駐車場脇のシラカバの隣に。ア　　るユキヤナギは、苗を植えたわけ
ていたところ、鉢が割れてこの場　　ジサイは花色の変化が楽しめま　　ではなく、小鳥が種を運んでき
に根づいてしまったもの。ギンド　　すし、ドライフラワーにして部屋に　　て根づいたもの。1年で腰の高さ
ロと同じくシルバーリーフが美しく、　飾ることもできます。　　　　　　くらいの大きさに育ちました。
一体感があります。ブッドレアは
階段下の駐車場脇で大きく育ち、
夏から秋まで長く花を咲かせてく
れます。

[北側にハーブガーデンをつくる]
このころ、南側に植えていて何度も枯らしてしまったラベンダー
を北側に植えてみたところ、風通しがよく乾燥している環境が
合ったようでうまく育ち始めました。そこで北側にハーブガーデン
をつくり、その他のハーブもこちらに植えるようになりました。

Garden Exterior

03

庭のエクステリア

庭のエクステリアはグリーンが映えるようにシックな雰囲気にまとめました。ほとんどがホームセンターやガーデンショップで買いそろえたもの。新品で購入したアイテムも、経年変化でいい具合にこなれた雰囲気になりました。

収納棚とテーブル

木製の収納棚とブリキのテーブルは、雨の当たらないウッドデッキに設置。棚は周囲に黒いペンキを塗り、中には鉢や道具などを収納しています。テーブルは小さな鉢の植え替え作業などに使います。

花壇の木枠

南側のメインの庭には、球根や一年草、多年草などの草花を植える花壇を。枕木を組み合わせて植栽スペースをつくり、一段高くなるように土を盛っています。

アンティークの牧場柵

イギリスの牧場で使われていたアンティークの柵はロールで購入。ふぞろいに切られた木がナチュラルな雰囲気です。両端に支柱を立て、そこにくくりつけるだけと設置も簡単。

枕木風の石

枕木のように見えますが、素材は石です。小道に間隔を空けて並べていますが、やや曲線を描くように置くと遠近感が強調されます。最初、間に芝を植えていたのですが枯れてしまい、自然にコケや雑草が生えてきました。

ブロック

小道に置いたブロックは、植栽部分との仕切りの役割を果たしています。右の大きいほうはアンティーク、左の小さなものは新品です。新品のブロックもいい色に変化しました。

敷石

レンガ色の敷石は溶岩石でとても軽く、色もめずらしい。南側の花壇以外の部分に敷き詰めました。植栽部分とくっきり分けることで、狭くてもドラマチックな庭を演出できます。

バラのアーチ用支柱

山野草のテリハノイバラの苗が大きく育ち、つるが伸びてきたので、アーチ用の支柱を購入。昨年、強剪定をしたので、現在はアーチではありませんが、逆側にももうひとつ支柱があり、以前は反対側まで伸びていました。

隣家との間の柵

隣家との間に設置した木の柵は、3段が1セット。グレーのペンキを塗って上下に2段設置し、それを横にいくつかつなげています。手作りのワイヤーハンガーに道具を掛けたり、バスケットを取り付けて鉢を飾ったりして見せる壁に。

Part 1 — Spring

Part 1 ——————— Spring

春の庭を楽しむ

春は新芽の季節。
枯れ枝からは緑の小さな芽が顔を出し、
茶色い土からは球根の芽がむくむくと出てきます。
ユキヤナギやジューンベリーの白い花が咲き誇り、
庭全体が光を浴びて明るく、やわらかな色に包まれます。
一年草の花の苗を植えたり、野菜を育てたりと、
庭仕事をスタートする時季でもあります。

March ~ April
（3〜4月）

春の庭の様子

Part 1 ── Spring

門から続くこの小道は、庭の中でいちばん気に入っている場所。冬から咲き続けているクリスマスローズもまだまだ花を咲かせています。頭上の新緑はビバーナム・スノーボール。

球根植物が開花する

A_ ムスカリは植えっぱなしでよく、春になるとあちこちから花茎を伸ばします。B_ 南側の花壇に植えたチューリップは白と黒のみをセレクトし、シックな色合わせに。C_ チューリップと同じく、秋に球根を植えたヒヤシンスも優美な花を咲かせ始めます。

A　　　B　　　C

ジューンベリーの花が満開に

わが家のシンボルツリーであるジューンベリーは、門を入った玄関の脇に植えています。毎年、桜と同じころに真っ白な花を咲かせ、春の訪れを告げてくれます。

D　　　E

D_ ロシアンオリーブの花は甘くさわやかなジャスミンのような香り。クリーム色の小花を咲かせた後、赤色の果実を実らせます。
E_ 冬は落葉していたマルバノキの新芽が出始めました。名前のとおり丸みのある葉に育ち、秋には紅葉も楽しめます。

ブドウの新芽が出始める

リビングに面したウッドデッキには、ナイアガラという白ブドウの木を1本植えています。新芽が出てきたばかりでほとんど枝だけの状態ですが、夏に向けて、屋根いっぱいに葉を茂らせます。

A

B

C

D

E

春に楽しめる花たち

A_ 春先の庭の中でもひときわ目を引くユキヤナギ。白くて可憐な花が一斉に咲きます。B_ 春から初夏までピンクの小花を次々に咲かせるディアスキア・ダーラ。つぼみをたくさんつけた草姿も魅力的。C_ビバーナム・スノーボールの花は緑色から白色に変化し、その経過を見るのも楽しい。D_ フランネルフラワーは春と秋に花を咲かせる多年草。鉢植えにして移動できるように。E_ 一年草のルピナスは今年植えたもの。存在感があって華やか。

苗を植える

春は苗を植えるにはいい時期。
苗は地植えにするものと鉢植えにするものを、植物によって分けます。
一年草のワスレナグサは毎年春に植えています。

〔 植え方 〕

地植えの場合、植える2週間以上前に石灰を入れて混ぜ、土壌を酸性にしておく。石灰の量は1㎡あたりひとつかみ(約100g)程度。❶苗はポットごと水が入ったバケツに入れ、水をしっかりと吸わせておく。❷土の量に対して、腐葉土と元肥をそれぞれ1〜2割程度混ぜる。❸苗を植える場所に穴を掘る。苗が複数ある場合、間隔を20cm程度空けること。じょうろで穴に水をかけて軽く湿らせる。❹苗を入れて土をかけ、手で軽く表面の土を押さえる。❺株元に水をやる。

〔 鉢植えの場合 〕

根が張りすぎるのを防ぎたい植物や、日当たりに合わせて場所を移動させたい植物は、鉢植えにするとよい。鉢の穴に合わせて鉢底ネットを切って敷き、鉢底石を入れてから、土と苗を入れる(p.86参照)。鉢植えと地植えを組み合わせると、高低差が出てバランスよく見える。

ベジトラグのすすめ

わが家は、別の場所で畑を借りて野菜を育てていますが、庭でも簡単な野菜を育てたいと思って取り入れたのが「ベジトラグ」。ガーデニングの先進国、イギリスで生まれた家庭菜園用の大きなプランターで、高さがあり、立ったまま作業ができるのでとても便利です。底がV字になっていて排水性、通気性がよく、湿気がこもらないので害虫も湧きにくい。見た目もナチュラルで庭にしっくりなじみます。雨の当たらないウッドデッキに設置し、すぐに収穫できるラディッシュや、レタスなど葉野菜の苗を植えて季節ごとに楽しんでいます。

ラディッシュを育てる

ラディッシュは二十日大根ともいわれ、
すぐに収穫ができるのがうれしい。
春か秋の暖かい時季に種をまいて育てます。

〔 植え方 〕

ベジトラグに培養土を入れ、赤玉土と腐葉土を培養土の1/3量ずつ加えて混ぜる（p.111参照）。培養土に肥料が入っていない場合は、元肥を規定量の1/3量ほど混ぜる。❶指先で深さ1cmの溝を作り、種をすじまきする。土を軽くかけ（覆土）、手のひらでやさしく押さえる。❷種が動かないようにそっと水やりをする。❸数日後、芽が出てきたところ。❹芽と芽の間が5cm程度空くように間引きをする。引き抜くと土が動いてほかの芽に影響が出るので、はさみで切るとよい。❺間引き後の状態。さらに葉が大きくなってきたら、生育のよいものを残し、さらに約6cm間隔で間引く。❻約20日後、ついに収穫！

球根のリースを作る

春を象徴する球根の花々。
ころんとした球根をちらっと見せながら
まるで地面から生えているように
みずみずしく生けました。

〔 材料 〕

ヒヤシンス … 1本
ムスカリ … 4本
シラー … 2本
＊いずれも球根付きのもの
水ゴケ … 適量
リース形の花器 … 1個

〔 作り方 〕

❶水ゴケは水に浸しておく。❷球根植物は掘り上げて水でよく洗う。❸リース形の花器に植物を配置し、その間に水ゴケを入れる（A）。根が吸水すればよいので、球根全体が隠れるほどは入れず、植物が倒れない程度に詰めて支える。常に水ゴケが湿っている程度に水やりをする。

A

球根ごと飾る

大きく育ってくると重さで倒れてしまいそうになる
ヒヤシンスやアマリリスなどの球根花。
このようにすれば素敵に飾れます。

ヒヤシンス
茎が伸びてくると花の重さで折れやすくなるため、高さのあるガラスのキャンドルホルダーに入れる。水は根が少し浸るくらい少量でOK。

アマリリス
マジックアマリリスは水なしで育つ特別な球根。球根がぴったり入る容器に入れれば倒れにくく、このままで冬から春まで花を咲かせ続ける。日当たりのよい場所で育てるとよい。

チューリップとスノーボールを生ける

同じ時季に庭で花を咲かせていた
チューリップとビバーナム・スノーボール。
別々の器に生けることで、生けやすくもなり、
位置も移動でき、全体のボリュームも出せます。

〔 材料 〕

チューリップ … 4本
ビバーナム・スノーボール … 2本
ガラスの花器 … 2個

〔 生け方 〕

❶スノーボールは枝が太ければ枝先を十字に切る（p.113参照）。左側をメインにして高く生け、もう1本は反対側に生けてバランスを取る。❷チューリップはメインを右側にして、高低差を出すように3本を生け、もう1本は反対側に生けてバランスを取る。アレンジを並べて飾るときは、それぞれの花の表情が見えるように高さと向きを調整するのがポイント。

ユキヤナギを生ける

細長い枝に白い小花が咲き誇るユキヤナギ。
その枝ぶりを楽しむために1本だけ生けます。
枝の流れと、その先の空間の広がりを感じてください。

Part 1 ── Spring

〔材料〕
ユキヤナギ…1本
陶器のボトル…1個

〔生け方〕
❶枝選びがポイントで、なるべく細くて長い枝を選ぶとよい。
❷下葉を取り除き、器の高さに合わせて切り分けて生ける。細やかな枝や交差枝（絡み枝）があれば整理してから生けること。左側をメインにしてボリュームを出し、放射状になるように全体的に外側に向けて生ける。

フランネルフラワーを生ける

まるでフランネル生地のような
もこもこと温かみのあるキュートな花。
短くカットして、マグカップにラフに挿し、
花の魅力を存分に出しました。

〔 材料 〕
フランネルフラワー … 5輪
マグカップ … 1個

〔 生け方 〕
美しく咲いている花を選び、右側がメインになるように生ける。少ない本数でもメインの花がわかるように生けるとよい。花顔すべてを正面に向けるのではなく、横向きや下向きなど少し角度をつけて生けると、ナチュラルな魅力が引き立つ。

Part 1 — Spring

ユキヤナギとパンジーの
フレッシュリースを作る

パンジーはリースのポイントになるように
1か所にまとめて生けると印象的に。
花色の美しさも魅力なので、
3〜4輪を合わせて色のグラデーションも楽しみます。
ユキヤナギの枝はラフにまとめると、
繊細な動きのあるリースに仕上がります。

〔 材料 〕

ユキヤナギの枝
　（細くてしなる枝なら何でもよい）… 1本
パンジー … 3〜4輪
リムが広く、やや深さのある大皿 … 1枚

〔 作り方 〕

❶器の大きさに合わせてユキヤナギの先端を丸めて輪にする（A）。きちっとした輪にするのではなく、ラフにまとめること。その際、上から下に絡めて枝先（切り口）が下を向くようにする。飛び出た長い枝も絡め、余分な枝は切る。❷器に水を張り、枝先を水につける。❸パンジーはユキヤナギの枝の間に挿し、水につける（B）。すべて同じ向きにするのではなく、やや角度をつけると自然に見える。このまま水を替えながら数日楽しめるが、パンジーが枯れたら花だけを取り替えても。

A

B

ライラックとラベンダーを生ける

ライラックとラベンダーは、どちらも香りのよい花。
ラベンダーはボリュームがあるので、
ぽってりとした形の花器に生けました。
淡い色のグラデーションに心が落ち着きます。

〔 材料 〕
ライラック … 3本
ラベンダー … 6本
陶器の花器 … 1個

〔 生け方 〕
❶ラベンダーは下葉を取る。❷ライラックは枝先を十字に切る（p.113参照）。❸器にライラックを生けてアウトラインをつくり、ラベンダーで間を埋めていく。放射状に広がるようにゆったりと優雅に生けるのがポイント。

ジューンベリーの花を生ける

満開のジューンベリーを何本か切って、
室内でお花見を楽しみます。
花が終わりかけのこの時季、
くすんだ黄緑色の若葉が出始めのころに。

〔 生け方 〕

❶ジューンベリーは花が咲いている枝を切る。生けるときに枝先を十字に切る (p.113参照)。❷置き場所に合わせて高さを決め、最初の枝を後方に生ける。❸次の枝を対角線上になるように手前に生け、この2本をつなげるようにもう1本を生ける。この3本で三角形をつくり、残りの枝を加える。

〔 材料 〕

ジューンベリー … 6本
ガラスのピッチャー … 1個

食べて楽しむ

Part 1 ── Spring

ドライハーブを作る

ハーブはドライにしておくと、
旬の時季以外にも使えて便利。
洋風の煮込み料理などに入れると
香りよく仕上がります。
ワイヤーハンガーなどに吊るし、
風通しがよく、
直射日光の当たらない場所で
乾燥させましょう。

A

B

〔 材料 〕
ハーブ … 適量
麻ひも … 適量
ワイヤーハンガー（p.36参照）… 1個

〔 作り方 〕
ハーブは下葉を取って4〜5本まとめ、麻ひもで結ぶ。1本のひもを半分に折った2本で結ぶと、輪になった部分を吊り下げられる(A)。写真Bは、左上から時計回りにフレンチタイム、コモンタイム、ローズマリー（2つ）、タラゴン、コモンセージ。

ハーブソルトを作る

ドライハーブと塩を混ぜたハーブソルトは、
肉や魚の香りづけによく使います。
ハーブは好みの香りのものでよく、
塩は焼き塩を使うと
ハーブが湿気にくいです。

〔 材料 〕
ドライハーブ（刻んだもの）… 小さじ1
塩 … 大さじ1

〔 作り方 〕
ハーブはパセリやコモンタイム (A) のほか、オレガノもおすすめ。ローズマリーは刻んでもかたいので、1本丸ごと煮込みなどに入れて香りづけに使うことが多い。ドライハーブは刻み(B)、塩（焼き塩など）と混ぜ合わせる。
◎保存容器に入れて常温（冷暗所）で半年ほど日持ちする。

A

B

ワイヤーハンガーを作る

34ページのワイヤーハンガーの作り方を紹介します。ホームセンターなどで手に入る身近な材料だけで作れるのも魅力です。

〔 材料 〕（直径24cm）
アルミワイヤー（直径2.5mm）… 約90cm
アルミワイヤー（直径1.5mm）… 約4.5cm×6本
綿ロープ（太さ3mm）… 約80cm×3本
たこ糸 … 約50cm
ペンチ（道具）

〔 作り方 〕

❶太いほうのワイヤーを曲げて、25cm間隔で輪を3個作り、両端は各15cm空ける（図参照）。輪はロープ2本が入るくらいの大きさにする。
❷ワイヤー全体を直径24cm程度の円形にし、接続部分を両端2cmずつ残して切る。
❸ペンチで先端をU字に曲げ、両端を連結させたらペンチで押さえて固定する。
❹台に置き、3つの輪を上向きにする。
❺3本の綿ロープをまとめて半分に折り、引っ掛けられる程度の輪を作ってたこ糸で縛る。その際、たこ糸の先端に輪を作り、輪を押さえるようにして長いほうの糸で巻いていくとよい。

❻たこ糸の先端を輪に差し込む。
❼反対側の糸の端を引っ張ると輪が閉じられるので、さらに両端から引っ張る。
❽ロープを2本ずつに分け、3つの輪にそれぞれ通してきつく縛る。
❾細いほうのワイヤーをそれぞれペンチでS字に曲げ、本体に取り付ける。S字の先端は、切り口が当たらないようにさらに曲げておくとよい。

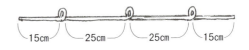

ハーブバターを作る

フレッシュなハーブやにんにくを
混ぜた香りのいいハーブバター。
今回はフェンネルを使いましたが、
好みのハーブで作ってみてください。

〔 食べ方 〕

まずはトーストしたパンにたっぷり
と塗って、ガーリックトーストに。
そのほか、肉や魚介類などをソ
テーするときにも使える。

A

〔 材料 〕

フェンネル … 2枝
バター … 大さじ2
にんにくのすりおろし
　… 小さじ½

〔 作り方 〕

❶フェンネルは葉を細かく刻む(ディル、チャイブなどを混ぜてもよい)。❷ボウルにバターを入れて室温にもどし、やわらかくなったらにんにくのすりおろし、フェンネルを加えて(A)混ぜ合わせる。
◎保存容器に入れて冷蔵庫で1か月ほど日持ちする。

ラディッシュのサラダを作る

23ページで育てたラディッシュを
サラダにしていただきます。
とれたての野菜はシンプルに調理して。
赤と白の組み合わせが美しい一皿です。

〔 材料 〕

ラディッシュ … 5個
モッツァレラチーズ（ミニサイズ）… 8個
チェリーのピクルス（＊）… 4個
ブロッコリースプラウト … 適量
塩（写真はブラックソルト）… 適量
ホワイトバルサミコ（甘みがあるもの）
　… 適量
オリーブオイル … 適量

〔 作り方 〕

❶ラディッシュは葉を取り除き、縦半分に切る（A）。❷モッツァレラチーズとともに盛り合わせ、チェリーのピクルスを添える。❸ブロッコリースプラウトを散らし、塩をふり、ホワイトバルサミコ、オリーブオイルを回しかける。
＊チェリーのピクルス…ホワイトバルサミコ（100㎖）と砂糖（80g）を火にかけて砂糖を溶かし、ピクルス液を作る。ピクルス液が冷めたら、種を抜いたアメリカンチェリーを漬ける。

A

Part 2 ──────── Early Summer

初夏の庭を楽しむ

May ~ June
（5〜6月）

初夏は新緑の季節。
日に日に緑のボリュームが増し、
初夏らしい花々も咲き始め、庭を彩ります。
ハーブの生育も旺盛になるころで、
新たに苗を植えたり、種をまいたりして、
ハーブガーデンを充実させ、料理などに活用します。
そして、初夏といえばジューンベリーの収穫。
熟した実を摘み、ジャムを作るのが恒例の手仕事です。

| 初夏の庭の様子 |

Part 2 ── Early Summer

ジューンベリーを収穫する

5月後半から実をつけるジューンベリー。ちょうど熟したころを見計らって小鳥が食べにくるので、食べられる前に収穫をします。赤黒くなった実からひとつずつ丁寧に手で摘み、保存袋に入れて冷凍しておき、溜まったらジャムを作ります（p.56）。

新緑に癒やされる季節

小道の右側にはジューンベリーやミナヅキなどの木々の葉が生い茂り、正面の角にある一段と背の高いギンドロも、だいぶ葉が増えてきました。この時季は気候もよく、緑に囲まれてとても心地よいです。

ラベンダーの花が満開に

北側のハーブガーデンに植えてから大きく育ったラベンダー。ぎざぎざの葉が特徴で、乾燥ぎみの環境を好むデンタータ系の品種です。白い花の鉢植えは、ウサギの耳のような苞葉がキュートなフレンチラベンダー。

Part 2 ——— Early Summer

ブドウの葉が茂り、実をつける

5月初めごろのブドウの木の様子。元気につるを伸ばしているものの、まだボリュームは控えめ。これから夏にかけてどんどん大きくなり、実をつけます。

〔 5月末 〕  〔 6月末 〕

5月末にはほんの小さな粒だったブドウの実が、1か月後にはブドウらしくしっかりと育ってきました。8月の初旬には収穫のシーズンを迎えます。

夏に大きく育つアカンサス・モリス

南側の花壇に植えたアカンサス・モリス。大きな葉をどんどん広げてボリュームを増し、初夏から夏に穂状の花を立ち上がらせます。リビングからよく見えるので、のびのびと葉を伸ばす姿に元気をもらえます。

初夏に楽しめる花たち

A_5月ごろに一斉に咲くスズラン。花の時季は短く、一瞬の美しさを楽しみます。B_耐寒性があり、植えっぱなしでよいシラー・カンパニュラータ。大きく育ち、釣り鐘形の花を咲かせます。C_つる性の植物で、5月下旬に満開を迎えたテイカカズラ。繊細で色合いもやさしく美しい花です。D_カシワバアジサイは大きくなる品種で、葉のボリュームもあります。花はグリーンから白、そして茶色に変化し、立ち枯れた姿も楽しめます。E_ふわふわとした羽毛のようなスモークツリーの花。切り花として飾っても素敵。

ユキヤナギの剪定をする

花が終わって枝葉が伸びてきたら、初夏に剪定をします。枝のしなやかな曲がりを生かし、全体的に枝垂れた感じにしたいので、真上にピンと伸びた強い枝は切ります。細い枝はしなやかに伸びるので、残しておきます。枝が絡まったり交差したりしているところや、株元の余計な葉はカット。夏にまた伸びてくるので、多めに切っても大丈夫です。

〔 剪定前 〕

→

〔 剪定後 〕

育苗トレイにハーブの種をまく

育苗用のセルトレイにハーブの種をまきました。左からコモンマロウ、コモンセージ、ナスタチウムの3種です。1区画に2〜3粒の種をまき、芽が出て本葉が2〜4枚出てきたら、土に植えつけます。

ベジトラグにバジルの種をまく

バジルティーにおすすめのホーリーバジルの種をベジトラグ（p.22）にまきました。バジルは発芽率が高く、種から育てやすい植物です。

ハーブガーデンを整える

北側のスペースにつくったハーブガーデン。最初、ハーブは庭の南側の花壇に植えていましたが、うまく育たなかったため北側に移したところ、環境が合ったようで順調に育っています。

植えっぱなしの多年草もありますが、空いたスペースにホーリーバジルの苗を植えました（A）。ローズマリーは常緑低木で、一年中緑の葉を茂らせています（B）。

A　　　　　　　　　B

花が終わった球根を掘り上げる

ヒヤシンスやチューリップ、アリウム、アイリスは球根を掘り上げます。ムスカリは基本的には植えっぱなしでよいですが、2〜3年に一度、掘り上げて植え替えると花つきがよくなります。

〔 掘り上げ方 〕

❶6月下旬ごろ、花が終わって葉が枯れてきたらはさみで葉を切り（A）、球根のやや外側にスコップを入れ、てこの原理で掘り起こす（B）。❷かごに入れて干し、1週間くらいして乾いたら根を切る。❸かごやネットなどに入れ、通気性がよく直射日光が当たらない場所に保管し、秋にまた植える。

A　　　　　　　　　B

飾って楽しむ

Part 2 ── Early Summer

ラベンダーのスワッグを作る

5月に一斉に花を咲かせたラベンダーを
ラフにまとめてスワッグにします。
スワッグとは植物を束ねて作る壁飾りのこと。
そのまま吊り下げて飾って、インテリアに。

〔 材料 〕
ラベンダー … 25本
麻ひも … 適量
リボン … 適量

〔 作り方 〕
❶ラベンダーは下葉を取る (A)。❷花の向きを見ながら、1本1本束ねていく (B)。その際、枝は交差させずにまっすぐ重ねる。❸全体がまとまったら、麻ひもで結び、枝先を切りそろえる。❹リボンを結び、壁などに吊り下げて飾る。

A　　　　　　　　　　*B*

2週間後

乾燥してシックな色に落ち着いたスワッグ。この状態で長く楽しめる。

ディアスキア・ダーラとギボウシを生ける

1本の茎に花芽がいくつもついて
次々に花を咲かせるディアスキア・ダーラ。
シルバーグリーンのギボウシと
薄いピンクの花色が好相性です。

〔 材料 〕
ディアスキア・ダーラ … 3本
ギボウシ … 2本
ガラスの花器 … 1個

〔 生け方 〕
❶放射状に葉を広げるギボウシは、外側の葉を根元から切る。❷ギボウシを花器の口に沿わせるように生け、ディアスキア・ダーラは右側をメインにして放射状に生ける。さわやかな淡いピンク色を生かすため、清涼感のあるガラスの器に。

ユーカリのリースを作る

常緑樹のユーカリは、
葉の生育が旺盛で、適度な剪定が必要。
剪定をするタイミングで、
リースを作ってみてはいかがでしょうか。

A　　　　　　　B

〔 材料 〕
シラカバの枝（しなる枝なら
　何でもよい）… 1本
銀丸葉ユーカリ（枝分かれしたもの）
　… 大1本
麻ひも … 適量
リボン … 適量

〔 作り方 〕
❶シラカバの枝を曲げて丸い形を作り、麻ひもで結んでリースのベースを作る（A）。❷ユーカリの枝を切り分け、茎の先をシラカバの枝に引っ掛けながら、茎を麻ひもで結んで固定する（B）。葉がまんべんなく広がるように挿しては結び、葉の遊びはそのままにワイルドに仕上げる。❸リボンを結び、壁に掛けて飾り、ドライになるのを楽しむ。

テイカカズラを生ける

つるを絡ませ合いながら伸びる
テイカカズラは、初夏に花を咲かせます。
つるの自然な流れを大切にして
涼やかなガラスの縁に沿わせます。

〔 材料 〕

テイカカズラ … 1本（40cm程度）
ガラスの花器 … 1個

〔 生け方 〕

❶テイカカズラはなるべくつるが長いものを選んで切る。切り口から白い液が出てくるので、流水で洗う（p.113参照）。❷花器に水を入れ、切り口を水につけ、つるを花器の側面に沿わせるように生ける。

ジューンベリーの実とスモークツリーを生ける

かごからあふれんばかりに
生き生きと枝葉を広げるナチュラルな花生け。
かごの中に花器を入れるのがポイントです。

〔 材料 〕

ジューンベリー(実付き) … 5本
スモークツリー(花付き) … 2本
ガラスの容器 … 1個
樹脂製のかご … 1個

〔 生け方 〕

❶ガラスの容器に水を入れ、かごのどちらかの端に寄せて入れる(A)。❷ジューンベリーは下葉を落とし、枝先を十字に切る(p.113参照)。スモークツリーも枝先を十字に切る。❸ジューンベリーを先に生け、こんもりとしたアウトラインをつくる。左右均等ではなく、片側にボリュームを出して流れをつくるとよい。❹スモークツリーを間に生ける。❺ジューンベリーの実がよく見えるように、葉が多ければ取る(B)。

A

B

カシワバアジサイを生ける

6月下旬ごろのカシワバアジサイは、
自らの重みで垂れ下がるくらいに
大きく育っています。
その姿を室内で再現するように生けました。

A

〔 材料 〕
カシワバアジサイ … 4本
ガラスの容器 … 1個
肥料振りかご … 1個

〔 生け方 〕
❶カシワバアジサイは枝先を焼いて水揚げする（p.113参照）。❷ガラスの容器（口径10cmくらいの口があまり広くないもの）に水を入れ、大きくて浅めのかごに入れる。❸カシワバアジサイをガラスの容器に生ける（*A*）。右側をメインにして、四方に広がるように。上から見るのではなく、目線の高さくらいの場所に置くと見栄えがよい。

ダリアとアナベルを生ける

同じ時季に咲く花たちは、
どんな組み合わせにしても自然に見えます。
ダリアを主役に、高低差をつけて、
向きもランダムにすると表情が出ます。

〔材料〕
ダリア … 5本
ピンクアナベル(A) … 2本
ダウカスシード(ブラックレースフラワーの花が終わった後の実／B)
　… 3本
カンパニュラ … 1本
試験管を連ねた花器 … 1個

〔生け方〕
花を花器に1本ずつバランスを見て入れ、花が入っている花器
に水を入れる。

A

B

| 食べて楽しむ

ジューンベリーのジャムを作る

1年に1回のお楽しみ。
ジューンベリーのジャムを作ります。
そのまま食べると味は控えめですが、
ジャムにすると濃厚で凝縮された味わいになります。
ヨーグルトやパンにのせて食べるほか、
レアチーズケーキやアイスクリームにも。
ミックスベリーのジャムにしてもよいでしょう。

〔材料〕
ジューンベリーの実（＊）… 200g
きび砂糖（またはグラニュー糖）… 100〜120g
　（ジューンベリーの重量の50〜60％）
レモン汁 … 15g
＊ジューンベリーは熟した実から収穫し、保存袋に入れて冷凍しておく。

〔作り方〕
❶ほうろうなど酸に強い鍋に、ジューンベリーの実ときび砂糖を入れて混ぜる。❷しばらくすると水分が出てくる。❸中火にかけ、ぐつぐつしてアクが出てきたら取る。焦がさないように注意しながら、ぐつぐつした状態をキープ。❹少しとろみがついてきたらレモン汁を入れて色止めをする。❺実を少しつぶしながら、写真くらいのとろみになったらでき上がり。❻保存容器に入れ、冷めたら冷蔵庫で保存する。
◎冷蔵庫で2週間ほど（脱気処理すれば常温で半年）日持ちする。

ローズマリーポテトを作る

ハーブの中でも特に強い香りをもつ
ローズマリーを使って、ローストポテトを作ります。
じゃがいもやにんにくとの相性は抜群です。

〔 材料 〕

じゃがいも … 3個
にんにく（薄皮をつけた
　　状態のもの）… 4かけ
ローズマリー … 2本
オリーブオイル … 大さじ2
塩 … 小さじ½

〔 作り方 〕

❶じゃがいもは皮ごと食べやすい大きさ（4等分程度）に切ってボウルに入れる。❷にんにく、水で洗って水気を拭き取ったローズマリー、オリーブオイルを加えて混ぜ（A）、30分ほどおいて香りを移す。❸焼く前に塩を混ぜ合わせ、オーブンの天板にオーブンシートを敷いてから並べる（B）。❹200度に予熱したオーブンで25〜30分焼く。

A

B

チーズのハーブオイル漬けを作る

タラゴンはオイル漬けやビネガー漬けによく使われる、
クセがなくやさしい香りのハーブ。
ハーブの香りを移したモッツァレラチーズは、
オイルと一緒にサラダに使ってもよいでしょう。

A

〔 材料 〕
タラゴン … 1本
モッツァレラチーズ（ミニサイズ。フェタチーズ、
　　ゴートチーズでも）… 1パック（100g）
にんにく … 1かけ
レモン（国産）の皮 … 少々
塩 … 小さじ½弱
オリーブオイル … 適量

〔 作り方 〕
❶タラゴンは水で洗ってよく乾燥させる（A）。
❷煮沸消毒した保存容器にモッツァレラチーズ、つぶしたにんにく、レモンの皮、塩、タラゴンを入れ、オリーブオイルをひたひたになるまで注ぐ。❸冷蔵庫で保存し、3日ほどおくとチーズに香りが移る。
◎冷蔵庫で1か月ほど日持ちする。食べる前に常温にもどしてから使う。

ハーブティー、ハーブウォーターを作る

手軽にハーブの効能を取り入れられるのがハーブティー。
フレッシュな葉を摘んできて、お湯を注げば
あっという間に香りが抽出できます。
夏場はハーブウォーターにするのもおすすめです。

ホーリーバジルティー

ハーブティーの中で特におすすめなのがホーリーバジル。料理に使うスイートバジルとは異なる香りで、すっとした清涼感のある中に甘みを感じられて、とても気に入っています。フレッシュな葉を摘んできて、お湯を注ぐだけ。香りが出てきたら飲みごろです。インドではトゥルシーと呼ばれ、不老不死の霊薬ともいわれ、さまざまな効能が期待できるそう。

レモングラスとレモンバームの
ハーブウォーター

夏におすすめなのは、水出しのハーブウォーター。さっぱりした柑橘フレーバーを欲する時季。レモングラスとレモンバーム、レモンの輪切りも入れて、水を注ぎます。こちらも、香りが出てきたら飲みごろ。

レモングラスとレモンバームの
アイスティー

ハーブウォーターと同じハーブの組み合わせで（レモンは入れても入れなくても）、左ページのように湯を注いでハーブティーにしても。氷を入れたグラスに注げばアイスティーも楽しめます。

Part 3 ────── Summer

夏の庭を楽しむ

夏は濃い緑の葉が生い茂る季節。
ブドウのつるは伸びる先を探してデッキの棚を這い、
大きな葉で覆い隠して、緑のカーテンに。
実は日に日に大きくなり、いよいよ収穫を迎えます。
この時季は、カシワバアジサイ、ピンクアナベル、
ミナヅキなど、アジサイ系の花が見ごろ。
ぽってりと咲く様子は深緑の中でひときわ映えます。

July ~ August
（7〜8月）

ブドウを収穫する

8月の初旬ごろ、ブドウを収穫しました。昨年に比べるとだいぶ収穫量が減ってしまいましたが、毎年恒例のブドウジュースを作ります（p.70）。春に畑で収穫した玉ねぎは、日陰となるブドウの棚がちょうどよい保存場所。冬までこのまま保管します。

夏の庭の様子

生育旺盛な夏のハーブ

初夏から咲き続けるラベンダーのほか、白からグリーンに色が変化するキク科のエキナセア、背の高さほど大きく育つレモングラスなど、夏のハーブは勢いがあります。

アジサイ類が満開の時季

A_ 玄関脇のジューンベリー（右手前）は、実の時季が終わってすっかり葉だけに。その奥のミナヅキが勢いよく枝を伸ばし、たくさんの花をつけました。小道にはコケや雑草などが生え、緑の道ができ上がっています。B_ 初夏に淡いピンク色だったピンクアナベルはグリーンに変化。C_ 南側の花壇にあるカシワバアジサイは立ち枯れ始め、緑と茶色のグラデーションに。

A

B　　　C

バジルを鉢で育てる

D_ スイートバジルは虫がつきやすいので鉢に植えて、ネットをかぶせています。ビニールひもで周囲をくるっと巻いておくだけでOK。E_ 料理に使えるバジルは摘芯も兼ねて収穫すると、脇芽が出て大きく育ちます。切る場所は、葉の出ているすぐ上（写真）。ここを切ると、その下にある小さな二葉がそれぞれ伸びて、茎の数が増えます。

ウッドデッキを覆い隠すほどうっそうと茂ったブドウの葉。直射日光を遮ってくれるので、日陰になり、夏の暑さを少しだけ和らげてくれます。

D　　　　　　E

タッジーマッジーを作る

タッジーマッジーとは、
ハーブ類を束ねた香りのある小さなブーケのこと。
長い花弁を放射状に広げるエキナセアをメインに、
庭に咲いていたハーブを数種類束ねました。

飾って楽しむ

〔 材料 〕
エキナセア … 6本
ラベンダー … 5本
レモングラス … 7本
ローズマリー … 3本
セージ … 3本
麻ひも … 適量

〔 作り方 〕
❶レモングラス以外は下葉を取る。❷レモングラスは葉の先を斜めに切る。❸メインのエキナセアを正面になるように持ち、葉のボリュームがあるラベンダーをその奥に、レモングラスをさらに奥に置いて束ねていく。エキナセアの手前の茎をセージの葉で隠すように束ねる。手前は低く、奥は高くなるように差をつけて、全体がこんもりするように。❹茎の先端を切ってそろえ、麻ひもで結ぶ。そのまま水を入れた花器などに飾るか、ラッピングしてプレゼントにしても。

ブッドレアを生ける

ブッドレアの花は紫色が定番ですが、
白も涼やかできれいです。
夏に大きく育つので、剪定も兼ねて、
伸びすぎた枝を切り、ワイルドに生けました。

〔 材料 〕
ブッドレア … 5本
陶器のピッチャー … 1個

〔 生け方 〕
ブッドレアは下葉を取る。たくさんの小さな花を穂状に伸ばす姿を生かし、花の向きが多方向になるようにして動きをつけ、ピッチャーの注ぎ口がある左側に流れるように生ける。

ミナヅキを生ける

夏の庭の主役として、清涼感をもたらすミナヅキ。
この時季は緑がかった白い花ですが、
この後、緑色が濃くなり、
カサカサッとした質感に変わっていきます。
枝ぶりが美しいので、シンプルに生けました。

〔 材料 〕
ミナヅキ … 3本
ガラスのボトル … 1個

〔 生け方 〕
枝先を十字に切り（p.113参照）、ガラスのボトルに生ける。3本の高低差をつけながら、花の向きに合わせて片側に寄せるように生ける。

食べて楽しむ

ブドウジュースを作る

収穫したてのブドウを、砂糖などは入れずに煮て、
自然に出てきたエキスを取り出した
混じりっけなしの贅沢なブドウジュース。
ブドウの量に対して、でき上がる量は少ないのですが
一年に一度の夏の味として、大切に味わいます。

〔 材料 〕

ブドウ … 適量
レモン汁 … 大さじ1〜2

〔 作り方 〕

❶ブドウを収穫する。熟した実から順に収穫して、冷凍しておいても可。❷アリなどがついていることもあるため、少しの間、水につけておく。❸透明感があって粒が大きな実だけを軸から外す。小さくてかたい実は入れないほうがよい。❹鍋に入れてひたひたより少なめに水を加える（この場合は1カップ）。強火にかけて沸騰したら弱火にし、20分くらい煮る。最後に色止めのレモン汁を入れる。❺ボウルにざるとペーパータオルをセットしたところに入れ、ブドウの実を少しつぶす。❻そのままおいて、自然にジュースが落ちるのを待つ。

バジルペーストを作る

スイートバジルは旺盛に育つハーブのひとつ。
夏にやわらかい葉が食べきれないほど育ったら、
一気に収穫して、バジルペーストを作ります。
花穂が出てくると葉がかたくなるので
その前に収穫するのがポイントです。

〔食べ方〕
バゲットにオリーブオイルを塗ってトーストし、トマトのマリネ（＊）とバジルペースト、バジルの葉をのせたブルスケッタに。ゆでたパスタに絡めたり、魚や鶏肉のソテーのソースにしたりしても。

＊トマトのマリネ…ミニトマトを湯むきし、粗く刻んで水分を軽く取ってボウルに入れる。塩、こしょう各少々、オリーブオイル適量を加えてよく混ぜ、冷蔵庫で冷やす。

〔 材料 〕
スイートバジル … 100g
にんにく(みじん切り) … 1かけ
パルミジャーノチーズ(すりおろし)
　　… 大さじ2
塩 … 小さじ1/2
くるみ … 40g
オリーブオイル … 110g

〔 作り方 〕
❶バジルはたっぷりの水でよく洗う。❷茎から葉を取り除き、水気を拭く。❸フードプロセッサーなどにバジルの葉、にんにく、パルミジャーノチーズ、塩を入れ、様子を見ながら攪拌する。❹半分くらい細かくなったらくるみを加えて攪拌する。❺オリーブオイルを2〜3回に分けて入れ、同様に攪拌する。❻ペースト状になったらでき上がり。
◎保存容器に入れて冷蔵庫で1週間ほど日持ちする。冷凍保存も可。

夏野菜とハーブのオムレツを作る

夏野菜のズッキーニと
苦みのあるイタリアンパセリを合わせて
オムレツにしました。
イタリアンパセリの代わりに
タラゴンを使ってもよいでしょう。

〔 材料 〕

ズッキーニ … 1本
玉ねぎ … 小1個（100g）
A ｜ パルミジャーノチーズ（すりおろし）
　　　… 10g
　　イタリアンパセリ（粗く刻む）… 3本
　　牛乳 … 大さじ1
　　塩 … 小さじ½
卵 … 4個
オリーブオイル … 大さじ2と½

〔 作り方 〕

ズッキーニは薄い輪切りに、玉ねぎは薄切りにする。フライパンにオリーブオイル大さじ1を弱火で熱し、ズッキーニを並べて弱めの中火で両面を焼いていったん取り出す。同様に、オリーブオイル大さじ½を熱したフライパンで玉ねぎをしんなりするまで炒める。❶ボウルにAを入れてよく混ぜる。❷①のボウルに卵を加えてよく混ぜ、ズッキーニ、玉ねぎを加えて混ぜる。❸直径20cm程度のフライパンにオリーブオイル大さじ1を熱し、②を流し入れる。ズッキーニをまんべんなく平らに並べる。❹半熟になってきたら蓋をして、弱火で4分ほど蒸し焼きにする。❺フライパンよりひと回り大きい平皿をかぶせ、皿ごとフライパンを返す。オムレツをフライパンにスライドさせて戻し、再び蓋をして3分ほど蒸し焼きにする。❻器に盛り、イタリアンパセリの葉（分量外）をのせる。

レモングラスオイルを作る

レモングラスは繊維がかたいので、
煮込みなどに入れて、香りを出すために使うことが多いですが、
油でじっくり煮ると、繊維ごと食べられます。
材料はレモングラスとにんにくと油だけ。
上品な香りで、何にでも合わせやすい香味オイルです。

〔材料〕
レモングラス（茎の部分）
　…約20cm×3本
にんにく（みじん切り）…1かけ
なたね油…適量

夏になると大きく育つレモングラス。葉よりも茎のほうが香りが強いので、根元から収穫して、茎の部分を使う。茎は叩きつぶしてから、エスニック風のスープや炊き込みごはん、カレーなどに入れても。

〔作り方〕
❶レモングラスは外側のかたい葉を2枚ほどむく。❷水に30分ほどつけてアクを抜く。❸1cm幅の斜め切りにし、にんにくとともに乳鉢（またはすり鉢）に入れて繊維をつぶす。❹まな板に出して、さらにみじん切りにする。❺鍋に④を入れて、なたね油をかぶるくらいに注いで火にかける。温まったらごく弱火にして、絶えず混ぜながら、香りが立って少し色がつくまで10分ほど加熱する。❻蒸した野菜（かぼちゃ、れんこん、まいたけなど）に塩（材料外）をふり、レモングラスオイルをかけて食べる。

セミドライトマトの
ハーブオイル漬けを作る

タイムはクセのない香りで使いやすいハーブ。
葉はかたいので生で食べることはありませんが、
オイル漬けにして香りを楽しみます。
煮込みやオーブン料理にもおすすめです。

〔 材料 〕
セミドライトマト（＊）… 適量
塩 … 適量
オリーブオイル … 適量
タイム … 4〜5本

〔 作り方 〕
❶タイムは水で洗って水気をしっかり拭く。❷消毒した保存容器に、完全に冷めたセミドライトマトとタイムを入れ、かぶるくらいのオリーブオイルを注ぐ。1日ほどたつと香りが出てくる。
＊セミドライトマト…ミニトマトのヘタを取って洗って水気を拭き、縦半分に切る。オーブンシートを敷いた天板に並べ、塩を全体にふって10分ほどおく。出てきた水気を拭き、130度に予熱したオーブンで1時間焼く。

〔 食べ方 〕
水きりした豆腐にトマトをのせてオイルを回しかけ、洋風冷ややっこに。好みで黒こしょうをふっても。ゆでたパスタに絡めたり、パンにのせたり、サラダに入れたりしてもおいしい。

タイムはいろいろな種類があるが、料理によく使われるのはコモンタイムやフレンチタイム。這い性のクリーピングタイムは料理には使わない。

香りを楽しむ

ホワイトセージのルームスプレーを作る

浄化作用があるといわれるホワイトセージを
ルームスプレーにして、
気になるときに室内にシュッと吹きかけます。
さわやかな香りでリラックスできます。

〔 材料 〕
ホワイトセージ … 1本
精製水 … 適量
エタノール（無水アルコール）
　… 適量
容器（スプレーできるもの）
　… 1個

〔 作り方 〕
❶容器に精製水とエタノールを5：1の割合で入れて混ぜる。
❷ホワイトセージを加えて、香りが出てきたら完成。

Part 4 ──────── Autumn

秋の庭を楽しむ

秋は紅葉と落ち葉の季節。
わが家の庭木は落葉樹が多いので、
秋が深まると、徐々に葉が赤や黄色に色づき、
一年の中でも特別な景色を見られます。
これを楽しみたくて、落葉樹を植えているほど。
その後、土の上が落ち葉のじゅうたんに。
落ち葉は土に還って栄養分にもなるので、
取り除きすぎず、ある程度は残すようにしています。

September ~ November
（9〜11月）

秋の庭の様子

Part 4 ── Autumn

小道の脇で穂を伸ばし、キラキラと光るのはペニセタム（写真上）。カレックス（写真下）は鉢植えのほか、何株かは地植えにもしていて、赤茶系の褐色を帯びた葉が庭のアクセントに。ペニセタムやカレックス、ススキなど、オーナメンタルグラスが存在感を放つ季節です。

A　　　　　　　　　　B　　　　　　　　　　　　C

落葉樹、常緑樹のそれぞれの姿

A_スモークツリーの枝は空に向かって長く伸び、その後、落葉して枝だけの状態になります。B_紅葉しているのはジューンベリー、シルバーグリーンの葉はユーカリ・ポポラス。ユーカリは一年中葉をつけるので、葉が少ない季節にもありがたい存在。C_ギンドロは冬に落葉しますが、11月末でもまだ葉は残っています。秋の日差しを浴びて気持ちよさそう。

落ち葉はほどほどに掃除する

この時季の庭仕事のひとつが、落ち葉掃除。落葉樹の下は一面、落ち葉に覆われます。ある程度は掃除しますが、葉が落ちた庭も秋らしくて好き。葉は微生物に分解されて土に還り植物の栄養分になるので、全部は取らないようにしています。

A

B

C

秋に楽しめる花たち

A_半日陰でも育つ植物と知って、小道に植えたカリガネソウ。青紫色の小花がまばらに咲き、可憐で美しい。細い枝の先にたくさんつけるつぼみは音符のようなかわいらしさ。B_初夏から長く咲き続けるミナヅキは、徐々に白色から緑色に変化し、質感もカサカサしてきます。この状態で収穫して、ドライフラワーにすることも。C_シュウメイギクは秋の花壇を彩る代表的な花。多年草で、毎年ピンクと白色の花を咲かせてくれます。

晩秋まで変化を楽しめるカシワバアジサイ

D_5月ごろから咲き始め、夏の間存在感を放っていたカシワバアジサイ。徐々に茶色くなり、9月ごろにはすっかりチョコレート色に変化しました。立ち枯れた姿も見応えがあります。E_11月末には葉の色も青紫色に変化。四季による移り変わりをこれだけ楽しめる花もめずらしいです。

D

E

紅葉が美しい木々の姿

A_マルバノキの紅葉はとてもグラフィカルで印象的。葉によって模様や色合いが異なり、見とれてしまいます。B_赤から緑のグラデーションが美しいヒメシャラ。C_ジューンベリーの葉は、黄色、オレンジ、赤などが交ざり合っていてカラフル。写真は黄色に色づいた葉。D_ブドウの紅葉は一面黄色に。大きな葉が重なり合い、黄色のグラデーションに覆われる様子は圧巻です。

パンジーを鉢に植える

耐寒性があり、冬でも花を咲かせてくれるパンジー。背丈が低いので、鉢植えにして高さを出すと見栄えがよいです。晩秋に出回る苗を購入して植えれば、初夏まで楽しめるのもうれしい。色や咲き方など種類も豊富なので、選ぶ楽しみもあります。

〔 植え方 〕

A

B

❶鉢穴に鉢底ネットを適当な大きさに切ってのせ、鉢底石を敷く。❷培養土に赤玉土と腐葉土を混ぜたもの(p.111参照)を少量入れる(A)。❸ポットごと水に浸しておいた苗を入れ(B)、すき間に土を入れてから水をやる。

花は次々に咲くので、開花を促進させるためにも、花がらはこまめに摘み取ること。シワシワになってきた花を茎の元から切り取る。水を好むが、蒸れに弱いので、土がしっかり乾いたら水をやる。

レタスの苗を植える

22ページで紹介したベジトラグに、レタスの苗を植えました。レタスの苗の植えつけ適期は春と秋。葉が育ってきたら、外側から必要な枚数だけを切り取り、サラダなどにしていただきます。

〔 植え方 〕

❶ベジトラグの古い土を半分くらい取り除き、新しい用土(p.111参照)と入れ替える。❷苗はポットごと水に浸し、十分に水を含ませる。❸穴を掘ってからじょうろで穴に水を少しかけ、苗を入れる(A)。土を寄せ、手でやさしく押さえる。❹ほかの苗も間隔を空けて植え、水をやる(B)。

A

B

球根類を植えつける

球根植物は、植えっぱなしでよいもの、掘り起こして保管しておくものがあります。わが家では、風通しがよく直射日光が当たらない、屋根のあるブドウの棚に吊り下げておきます（写真右は左の袋から、アリウムとヒヤシンス、ムスカリ、チューリップ）。初夏に掘り起こした球根は、気温が下がってきた11月ごろに植えつけます。

〔 植え方 〕

今回植えるのはヒヤシンス。連作障害を避けるため、前年に植えた場所とは違う場所を選ぶ。植える2週間以上前に、土に石灰を1㎡あたりひとつかみ程度（約100ｇ）混ぜておく。❶植える直前に、腐葉土と元肥を土の分量に対してそれぞれ1〜2割程度混ぜる。❷球根の高さ4個分の穴を掘り（A）、1個分の高さの土を戻す。植える場所は3個分下の深さだが、根が張る部分の土をほぐしておくため。❸間隔を空けて同様に穴を掘り、球根を入れる（B）。❹土をかぶせて、水をかける。その後も土が乾いたら水をやる。

部屋で楽しむ球根の水耕栽培

ヒヤシンスは室内で水耕栽培でも育てられます。その場合は、水耕栽培用の球根を購入してください。気温が17度くらいに下がってきたころが始めどきです。

〔 11月末ごろ 〕 → 〔 3月ごろ 〕

〔 育て方 〕

❶水耕栽培用の花器に水を入れ、球根をのせる。水の量は、根が出るまでは球根の底にぎりぎり触れるくらい。球根が水につかると腐ってしまう。❷暗い場所に置き、根が出てくるのを待つ。❸根が出てきたら、水の量は球根から1㎝ほど下の位置までにする。❹葉が出てきたら、明るい場所に移動して、水を替えながら育てる。

飾って楽しむ

チョコレートコスモスを生ける

一輪で存在感のあるチョコレートコスモス。
ベルベットのような艶感をもつ
濃いワインレッドの花は
ターコイズブルーの花器との対比で
ひときわ引き締まって見えます。

〔 材料 〕
チョコレートコスモス … 1本
陶器の花器 … 1個

〔 生け方 〕
❶茎が長く、美しく咲いている花を選び、1本切る。下葉がついていたら取り除く。
❷茎の流れを生かしながら、花顔が一番美しく見える角度で生ける。

秋の花を生ける

秋の花は繊細な姿で、
落ち着いた色合いのものが多いよう。
庭に咲いていた3種類の花を
和風の花器にさりげなく生けました。

〔材料〕
シュウメイギク … 2本
カリガネソウ … 3本
ピンクアナベル … 1本
陶器の花器 … 1個

〔生け方〕
3種の花の魅力を際立たせるように、それぞれをパートに分けて生ける。メインは、正面を向いたピンク色のシュウメイギクの1輪。シュウメイギクや青紫色のカリガネソウは、自然に咲いている姿そのままに草丈を高く生け、ピンクアナベルは低く生けてボリュームを出す。

飾って楽しむ

マルバノキの紅葉を生ける

庭の落葉樹の中でも
紅葉が特に美しいマルバノキ。
単品で生けることで、
独特な葉の模様が印象的に映ります。

〔 材料 〕
マルバノキ（紅葉）… 5本
磁器の花器 … 1個

〔 生け方 〕
口がすぼまっている花器に放射状に生けていく。枝がまっすぐ伸びているので、枝を外側にたわませて、しなやかな曲げをつくる。葉は上向きにして角度をつけると立体感が出る。

カシワバアジサイのドライを飾る

カシワバアジサイはこのくらいの
濃いチョコレート色になるまで立ち枯れさせると、
その後も退色せず、長くきれいな状態を楽しめます。
色が薄いうちに切ってもドライになりますが、
その後、枯れたような茶色に変色してしまいます。

〔 材料 〕
カシワバアジサイ(一部アジサイ
　含む)のドライフラワー … 適量
麻ひも … 適量

〔 飾り方 〕
写真のような濃い茶色になったカシワバアジサイを切り、麻ひもで結んで吊り下げる。写真中央のやや薄い色のものは、同じカシワバアジサイだが、早めに切り取ったもの。ドライフラワーは、直射日光が当たらない風通しのよい場所で、逆さにして吊り下げておく。湿度が低いほうがきれいにできるので、夏場はあまり向かない。

いろいろなドライフラワー

ドライフラワーは特別な花しか向かず、
花の種類が限定されると思っていませんか。
たしかに、小さく縮れたり、黒ずんでしまったりと
向かない花はありますが、
意外な花がユニークな姿に変化することもあります。
いろいろな花で試してみるとよいでしょう。

植物標本を作る

ドライフラワーは吊り下げて飾るだけでなく、1本ずつテープで台紙に貼りつけると、古い植物標本のような作品ができます。手作りのラベルに学名や科名などを書いて、インテリアとして飾ってみてください。

A

B

ドライフラワー1本を黒のケント紙に置き、細く切ったマスキングテープで数か所貼って留める。ラベルは市販のメモ用紙をコピーして縁を切り、のりで貼りつけたもの。A_左はカシワバアジサイ、右はチョコレートコスモス。B_左上から時計回りに、ダウカスシード（ブラックレースフラワーの花後、丸まって種ができたもの）、エキナセア、スイセン（球根と根付き）、ピンクアナベル。

Part 5 — Winter

Part 5 ──────────── Winter

冬の庭を楽しむ

冬は静かな季節。
落葉樹の葉はすっかり落ちて枝だけになり、
一年草の花たちも枯れてしまいます。
そんな中でも、クリスマスローズや
パンジー、ビオラなどは元気に花を咲かせ、
花の少ないこの時季に彩りをもたらします。
植えっぱなしだったスノードロップは
いち早く開花し、春の訪れを知らせてくれます。

December ~ February
（12〜2月）

冬の庭の様子

突然の雪でも、球根植物やクリスマスローズは寒さに耐え、しっかりと葉を広げます。

A_芽を出し始めたチューリップ。花が咲くのは4月ごろとまだ先。
B_春に収穫してからブドウ棚に吊り下げていた玉ねぎも、残り少なくなってきました。

C

D

E

冬や春先に楽しめる花たち

C_秋に植え、冬から初夏まで咲き続けるパンジー。花が少ない冬に開花の最盛期を迎える貴重な存在。D_クリスマスローズも冬の間に花を咲かせます。一重や八重、濃いピンクや淡いピンクなどさまざま。E_2月ごろに開花を迎えるスノードロップ。庭のあちこちから茎を伸ばし、白い可憐な花を咲かせます。

一年の中でいちばん緑が少ないこの時季。南側の花壇のアカンサス・モリスだけは、大きく艶やかな葉を広げています。耐寒性、耐暑性がある大型の多年草で、1株だけでもこんなにボリューム感があります。

飾って楽しむ

クリスマスローズを生ける

うつむきがちに咲く
クリスマスローズの花姿そのままに、
垂れ下がるように生けました。
ピッチャーの口元にこんもりと
片側に寄せるとバランスがよいです。

〔 材料 〕
クリスマスローズ … 5本
陶器のピッチャー … 1個

〔 生け方 〕
クリスマスローズはぬるま湯で水揚げする（p.113参照）。花は放射状を意識しながら、片側に寄せるように生ける。その際、1本だけ反対向きに生けてバランスを取るとよい。

クリスマスローズを水に浮かべる

下を向いて咲くクリスマスローズの花ですが、
水に浮かべると、花の中がよく見えます。
花びらのように見えるのは、実はガク片。
中心にある小さな花も観察してみましょう。

〔 材料 〕
クリスマスローズの花 … 3輪
ガラスの花器 … 1個

〔 飾り方 〕
花器に水を張り、花茎を短く切った花を浮かべる。クリスマスローズは水揚げがやや難しいため、うまく水が揚がらなかった花をこのように飾ってもよい。

押し花を作る

品種によって、花びら（ガク片）の数や形が
異なるクリスマスローズ。
押し花にすると、違った魅力が表れます。
いろいろな花や葉でも試してみてください。

〔 材料 〕
クリスマスローズの花
　　… 好きなだけ
ティッシュペーパー、
　　新聞紙、厚い本（道具）

〔 作り方 〕
❶クリスマスローズの花を収穫する。❷ティッシュペーパーに花をのせ、手で平らに広げて押しつける。❸ティッシュペーパーをかぶせ、新聞紙で挟む。❹重さのある厚い本をのせる。1時間ほどたったら花の状態を確認し、きれいに整えてからまた重しをする。ティッシュペーパーと新聞紙を替えながら1週間弱ほどおき、カラカラになったら完成。

押し花を額に飾る

100ページで作った押し花をコラージュして、額に入れたら、部屋に飾ることもできます。こちらは、庭に咲いているイメージで作ってみました。

〔 材料 〕
押し花（左からシダ、クリスマスローズ、パンジー、タラゴン、セージ）… 好きなだけ
額… 1個
黒のマスキングテープ、木工用接着剤（道具）

〔 作り方 〕
❶額の土台に押し花を並べる。下のラインをそろえ、多少重ねながら位置を決める。❷押し花の裏側に木工用接着剤をつけて貼る。❸黒のマスキングテープを細長く切り、茎の上から貼って留める。❹額に入れて完成。

クリスマスツリーを飾る

モミの木はクリスマスツリーとして使うために
あえて鉢植えにして育てています。
クリスマスの時季だけは、
飾りつけをして室内に置き、
愛でて楽しみます。

クリスマス飾りは白かゴールドでまとめるとクラシカルな雰囲気に。好みのオーナメントをバランスよく配置し、イルミネーションライトをつける。

Part 5 — Winter

ローズマリーのキャンドルリースを作る

常緑のローズマリーは
冬に植物を飾りたいときに重宝します。
キャンドルの周りにリース形にあしらうだけで、
素敵なテーブルシーンを演出できます。

〔 材料 〕
ローズマリー … 70㎝
ワイヤー（細いもの）… 適量
キャンドル … 1個
オーバルのプレート … 1枚

〔 作り方 〕
❶ローズマリーは長い枝を用意する。リースにするなら、枝がしなやかで曲がりやすいほふく性のほうが作りやすい。❷プレートにキャンドルをのせ、ローズマリーをキャンドルの回りに置いてみて、ちょうどよいサイズを確認する。❸ローズマリーを円形にまとめる。❹ワイヤーで全体を巻いて固定し、端をねじって留める。

食べて楽しむ

お菓子に花を添える

パンジーはエディブルフラワーのひとつ。
ただし、食用可能な無農薬の苗を選んでください。
添えるだけで、お菓子を引き立ててくれます。

白いプレートに盛られたプレーンなパウンドケーキとホイップクリーム。そこに濃い紫色のパンジーを添えて色のアクセントに。グリーンサラダなどに入れてもよい。

レモンマリーゴールドもエディブルフラワーの一種。名前のとおり、レモンのような香りがするのが特徴。レモンバームの葉と一緒に、甘夏のゼリーに添えて。

香りを楽しむ

ホワイトセージを焚く

ホワイトセージは
ネイティブアメリカンにとって神聖なハーブ。
焚いた煙で空間を浄化するという、
古くからの儀式があります。
リラックス効果もあるといわれています。

〔 材料 〕
ホワイトセージ（ドライ）… 適量
真ちゅうの皿（耐熱皿）… 1枚
クリップ … 1個

〔 焚き方 〕
❶ホワイトセージの葉は3日くらいかけてしっかりと乾かす。❷葉をクリップで挟んで立て、火をつけて煙を出し（火が消えると煙が出る）、空間に香りを広げる。

〔 庭づくりの基本 〕

道具について

庭仕事で使っている道具を紹介します。道具は長く使える丈夫なものを選ぶようにしており、実際に長く使い続けているものも多いです。

スコップ
小さな穴を掘ったり、土をすくったりする小型の道具。刃の部分が曲線のため土が掘りやすく、すくいやすい。

移植ごて
苗を移動するときなどに使う道具。スコップと似ているが、こちらは刃の部分が平らなので、作業によって使い分けるとよい。

ハンドフォーク
かたまった土をほぐすための道具。刃の部分が3本に分かれたフォーク状の形はかたい土をほぐしやすい。

シャベル
土を掘り起こす際に使う大型の道具。刃の上部の平らな部分に足をかけて押し、てこの原理で押し上げる。

土入れ
植えつけや植え替えの際、土を入れるために使う。大中小の3サイズセットで、土の量や鉢の大きさによって使い分ける。

手袋
土を扱う作業をするときに使う。薄手、厚手など用途に応じて選ぶとよい。写真は手のひら側に滑り止めがついたタイプ。

土づくりの容器
鉢植え用の土をつくるために使っている容器。土を混ぜやすく、すくいやすい深さと形で、持ち運びにも便利な持ち手付き。

剪定ばさみ
左は花がらを取ったり、草花の剪定をしたり、花を収穫したりするときに使う。かたい枝を切るときは右を使用。

雑草取り
雑草を取り除くためのフォーク状の道具。雑草の根元に差し込んで引き抜くと、根こそぎ取れる仕組み。

じょうろ
水やりは朝の仕事。毎朝、土の状態をチェックし、土が乾いている鉢植えに水をやる。地植えの植物は乾燥しすぎているときに、庭全体にホースでかける。

剪定用のこぎり
太い枝の剪定にはのこぎりが必要。折りたたみ式の小型ののこぎりは使いやすく、一本持っておくと便利。

バケツ
苗を植えつける際、水を入れたバケツにポットごとつけて、底の穴から水をしっかり浸透させてから植えるとよい。

かご
苗を運んだり、落ち葉を掃除したり、取った雑草を入れたりとさまざまな場面で使う。雨にぬれない場所に保管。

高枝切りばさみ
高い場所にある細い枝を切るときに使う。手元のハンドルで操作でき、切った枝が落ちないキャッチャー付き。

〔 庭づくりの基本 〕

土について

土は鉢植えだけでなく、地植えにも使います。同じ土に植え続けていると土がやせてくるので、栄養補給や土壌改良のために必要なものを足しましょう。

培養土

基本用土を主体に、水はけや水もちをよくする補助用土を配合した土のこと。肥料を含むものもある。これだけで植えられるが、赤玉土や腐葉土などと合わせて使うことも。

赤玉土

基本用土のひとつで、関東ローム層の赤土から作られた弱酸性の土。保水性、排水性、保肥性にすぐれる。小粒、中粒、大粒があるが、小粒を培養土に混ぜて鉢植えに使用。

腐葉土

補助用土（改良用土）のひとつで、樹木の葉などを堆積させて発酵させたもの。基本用土に加えることで通気性や排水性をよくし、土をふかふかにする効果がある。

ハーブ用の土

乾燥ぎみの環境を好むハーブに適した培養土。草花用や野菜用に比べて排水性がよく、保水性もある。植える植物によって土を選ぶとよい。

サボテン・多肉植物用の土

湿気を嫌うサボテンや多肉植物に合わせて配合された土。通気性、排水性にすぐれ、ほどよく保水性もある。赤玉土や鹿沼土などが主体。

石灰

酸性に傾きがちな土壌をアルカリ性にする働きがある。植物の生育に欠かせないカルシウムを補給する役割も。植え替えなどの際に入れる。

鉢植えに使う道具	庭には鉢植えの植物も置き、日当たりによって移動できるようにしています。鉢植えにする場合は、鉢のほかに以下の道具があるとよいでしょう。

【 鉢底石 】

鉢に植える際に、底に敷くことで通気性や排水性を高める。右のネットに入ったタイプは鉢底ネットの役割も果たし、再利用もしやすく便利。

【 鉢底ネット 】

鉢底穴から虫の侵入を防ぐほか、土が流出するのも防ぐ。鉢底の穴をふさぐ程度の大きさに切って、穴の上にのせて使う。

土を つくる

鉢植えやベジトラグに使う土は、培養土をベースに何種類かの土や肥料をブレンドしています。基本の土づくりについてご紹介します。

〔つくり方〕

使用するのは、培養土、赤玉土（小粒）、腐葉土、元肥の4つ。培養土にはあらかじめ数種類の用土がブレンドされているが、より保水性を高めるため、土の状態をよくするために赤玉土と腐葉土を加える。培養土に肥料が入っている場合は、元肥は不要。❶容器に培養土を適量入れ、培養土の1/3量程度の赤玉土を入れて混ぜる。❷赤玉土と同量の腐葉土を入れて混ぜる。❸元肥は規定量の1/3量を入れる。❹全体がよく混ざったらでき上がり。

◎地植えの場合は、植える2週間以上前に土に石灰を混ぜておき、植える際に腐葉土と元肥を入れる（p.21参照）。赤玉土は数年でつぶれて土壌が粘土質になってしまうため、鉢植えやベジトラグに使う場合にのみ入れる。

肥料と薬剤

主に使っているのは元肥と活力素、殺菌殺虫剤の3つです。ハーブなど口に入れる植物もあるため、できるだけ薬剤は使わないようにしています。

【 元肥 】
植物の植えつけや植え替え時に適量を土に混ぜ込むことで、約1年間ゆっくりと効果を発揮し、植物の生育をよくする。

【 植物活力素 】
植物が元気のないときに、栄養分を与える活力素。発根を促し元気に育つ。肥料とは異なり、いつでも使えるのが特徴。

【 殺菌殺虫剤 】
天然成分で作られた、なるべくナチュラルなものを選ぶ。薬剤に頼らず、虫を見つけたら取り除くなどの作業も必要。

〔 花生けの基本 〕

水揚げについて

庭で育てた花を収穫し、花器に生けるときに、知っておきたいポイントをいくつかご紹介します。上手に水揚げができれば、きれいな状態を長く楽しめます。

1. 庭に咲いているブッドレアの花を3本切る。なるべく茎が長くて花がきれいなものを選ぶ。

2. 枝分かれしているものは切り分け、下葉を取り除く。葉が水につかると水が腐りやすいため。

3. 深さのある容器にたっぷりの水を用意する。枝の先端を切って、すぐに容器に入れる。切ってから水につけることで吸水がよくなる。

花器に入れる水の量について

花の種類によって、花器に入れる適切な水の量が異なります。以下は、特に水の量に注意が必要な植物です。それ以外の花は、花器の5割くらいの水に生けてください。

【 深水に生ける 】
- 水の量 ……… 花器の7〜8割くらい。
- 花の特徴 …… 茎が太くてかたい、葉がたくさんついている、水を吸い上げにくい。
- 花の種類 …… バラ、アジサイ、シャクヤク、ユリ、花木、枝ものなど。

【 浅水に生ける 】
- 水の量 ……… 花器の1〜2割くらい。
- 花の特徴 …… 茎がやわらかい、茎に細かい産毛がある、球根植物。
- 花の種類 …… チューリップ、フランネルフラワー、ラナンキュラス、スイートピー、アネモネ、ダリア、ヒマワリなど。

＊ヒヤシンス、ガーベラ、ポピーなどは深さ1〜2㎝の極浅水に生ける。

④ この状態で1時間ほどおくと、しっかり水が揚がる。

⑤ 花器に適量の水(左ページ下参照)を入れる。枝先を今度は斜めに切る。斜めに切ると表面積が大きくなり、吸水がよくなる。

⑥ 1本ずつ花器に挿す。その後は毎日水を替え、その際に枯れた花は取り、茎を洗ってぬめりを取り除く。花器を洗って生け直す。

特別な水揚げの仕方

上では基本の水揚げを紹介しましたが、ここでは水が揚がりにくい花について、特殊な水揚げの方法をお伝えします。

茎が太い枝ものは十字に切る

枝ものは全般的に水が揚がりにくい。はさみで枝先を十字に切り、水を吸う面積を大きくする。細い枝は斜めに切るだけでよい。

テイカカズラは白い液を洗う

テイカカズラは枝を切ると白い液体が出てくるので、水でよく洗ってから生ける。そのままだと道管が詰まって水を吸いにくいため。

カシワバアジサイは枝を焼く

カシワバアジサイは切り口を真っ黒になるまで焼く「焼き揚げ」の方法が向く。焼くことで茎の中の空気を排出させ、殺菌効果もある。

クリスマスローズはぬるま湯につける

クリスマスローズは冷水だと水が揚がりにくいが、高温にも弱い。40度程度のぬるま湯に、花首の下までつけて1時間ほどおくとよい。

Part 6 ——— Catalog

樹木と草花と
ハーブの
カタログ

10年以上の歳月をかけてつくり上げた、
理想の風景ともいえる雑木と草花の庭には
タイプの違う樹木を中心に、環境に合った
個性豊かな植物たちが息づいています。
四季の移ろいを美しく、ドラマチックに
楽しませてくれる植物を紹介しましょう。

本章で紹介する植物

樹木　p.116~126
苗木で植えつけた樹木は生育すると本来の樹高になります。各樹木の最終形態(樹高)が1m未満のものを低木、1m以上3m未満を中木、3m以上を高木と表記しています。

球根植物　p.127~130
球根植物は、地下にある球根に養分を蓄え、この養分を使って発芽して育ち、花を咲かせます。球根が自然に分かれたり、子球がついたりして増えていきます。

ハーブ　p.131~136
ハーブとは特有の香りや風味をもち、暮らしに役立つ植物のこと。お茶や料理に使うなど、楽しみ方はさまざま。それぞれ一年草、二年草、多年草、低木に分類されます。

一年草　p.137~138
一年草は、種が発芽して花を咲かせ、次の種ができて枯れるまでのサイクルが1年以内の植物です。こぼれ種が庭に落ちて、翌年また芽吹くこともあります。

多年草　p.139~143
多年草は常緑性と落葉性があり、いずれも一度植えれば、翌年以降も繰り返し花を咲かせて長生きする植物です。葉が魅力的なカラーリーフも含まれています。

樹木

ジューンベリー
〔 バラ科・落葉高木 〕

春に咲く白い小花は可憐で、初夏には新緑と赤い実を楽しめます。四季折々に変化する姿を部屋に飾り、実はジャムにします。緑葉が赤や黄色に変わる秋の紅葉も素晴らしく、庭を明るく彩ります。樹形は自然に整うため、2〜3月に古い枝や徒長枝などを切る程度の剪定で十分。梅雨に発生し、葉を食害するチャドクガは皮膚炎を起こすことがあるので、触らないで枝ごと切り、袋に入れて口を縛って捨てます。

ブドウ
〔 ブドウ科・つる性落葉木本 〕

品種はナイアガラ。苗の植えつけから3年たつと、テラスを覆うほど成長し、日よけと向かいの家の目隠しになり、実もなり始めました。収穫は8月。1房が充実するように、5月に小さい実は摘果します。秋の黄葉は美しく、テラスが黄金色に。施肥は固形肥料で、収穫直後、10月、6月の年3回。剪定は1〜2月。細い枝や芽の少ない枝を地際から切り、実のついた枝は新芽を4〜5つ残して剪定します。

樹木

ギンドロ
〔 ヤナギ科・落葉高木 〕

葉の表は緑色なのに、葉裏は白く銀色に輝き、魅力的。仰ぎ見る若枝のしなやかさ、風にひるがえる葉色の美しさが目を引きます。植えているのは、南に面した隣家との境となるコーナー。隣家のフェンスの目隠しとなり、白い葉裏が空間を明るく引き立てます。秋になると、葉は黄色く色づき、落葉します。落ち葉はそのまま堆肥となり、土壌を豊かに。成長が早いので、冬に強剪定して、高さと樹形をキープしています。

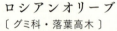

ロシアンオリーブ
〔 グミ科・落葉高木 〕

シルバーリーフが美しく、似た葉色をもつギンドロの近くに植えてコーナーを明るく印象的な空間に。寒冷地では落葉しますが、冬でも暖かいと葉が残るため、半常緑扱いが一般的。春に甘く香る黄色い花を咲かせ、秋には赤い小さな実がなります。生育旺盛なので、こまめに切り戻し剪定を心がけています。鉢植えは根詰まりしないように気をつけて。わが家は鉢で育てていましたが、根の勢いが強くて鉢が割れ、そのまま根づきました。

マルバノキ
〔 マンサク科・落葉中木〜高木 〕

株立ちした枝が絡むような自然樹形が格好よく、部屋からの眺めを考えて植えました。丸いハート形の葉はかわいらしく、春の若葉に始まり、秋の紅葉が美しく庭を彩ります。特に緑葉が黄、オレンジ、赤へと色づき、混在する紅葉期は見応えがあります。わが家ではまだ咲きませんが、花は紅葉が散るころに咲き始め、ひも状で星のような形に開きます。実は翌年の秋に熟すようです。剪定は冬で、不要な枝を切り取る程度です。

スモークツリー
〔 ウルシ科・落葉中木〜高木 〕

伸びた枝はしなやかで、初夏にふわふわとした花穂が風に揺れる姿は美しく、癒やされます。新緑の葉色も秋の紅葉もきれい。梅雨以降にうどんこ病になりやすいですが、病気にかかった葉を取り除くと、夏以降に新芽が出てきます。剪定適期は11月〜翌年の2月。花芽は今年咲いた枝にはつかず、新しく伸びた枝につくため、古い枝と新しい枝を見極めて間引き剪定を。花芽を残し、枝の途中から切る、切り戻し剪定も行います。

樹木

ヒメシャラ
〔 ツバキ科・落葉高木 〕

赤褐色の幹肌は美しく、幹も枝も繊細で軽やかなシルエットです。梅雨の時期に、ツバキに似た直径2㎝ほどの白い花をたくさん咲かせます。春の新緑と、オレンジ色に染まる秋の紅葉も楽しみ。落葉後の11月〜翌年の2月に剪定を行いますが、自然樹形が美しいので強く切り戻したりせず、込み入っているところなどの不要な枝を切り取り、風通しをよくする程度です。強い日差しや西日は苦手で、開けた半日陰だと順調に生育します。

シラカバ
〔 カバノキ科・落葉高木 〕

信州の風景に憧れて、関東以南でも育つ近縁種のジャクモンティーを植えています。苗木の樹皮はベージュ色ですが、成長とともに白くなり、樹形も自然に整ってきます。白い樹肌と新緑のコントラストは美しく、秋の黄葉も見応えがあります。剪定はそれほど必要ありませんが、道路沿いの花壇に植えているので、枝が道路に張り出してきたら切り取っています。カミキリムシの被害にあいやすいので薬剤を散布して予防します。

シマトネリコ
〔モクセイ科・常緑高木〕

明るい常緑の小葉は軽やかで、ウッドデッキの横に日よけも兼ねて植えました。冬も青々と茂るので、庭が寂しくなりません。初夏、枝先に咲く白い小花からは濃厚な香りが漂い、その香りも魅力です。成長が早く、旺盛に枝葉を伸ばすので、真冬を除いて随時剪定し、木の下にある花壇の日当たりが悪くならないように気をつけます。ひこばえが生えたら切り取り、樹形を整えます。花芽を形成する3〜4月以降の剪定は控えめに。

ユーカリ
〔フトモモ科・常緑高木〕

清々しい香りを放ち、シルバーリーフが美しい銀丸葉ユーカリ（写真）とポポラスを育てています。いずれも成長が著しく早いので、こまめな剪定が必要。剪定適期は3〜5月、9月。早めに摘芯して脇芽を伸ばし、横に広がるように育てると、高さを抑えられます。根の張りが浅くて倒れやすいため、突風の当たる場所は避け、金網などにワイヤーで縛りつけて倒木を防ぎます。銀丸葉は春〜初夏に開花し、花後の実はボタンのような形。

コルジリネ・オーストラリス
〔キジカクシ科・常緑低木〜中木〕

耐寒性のあるレッドスターという品種で、鋭く伸びた葉は美しく、ワイルド。赤みがかったカラーリーフは庭のアクセントになり、花の少ない時季の風景を魅力的にしてくれます。切り花を水に挿していたら発根したので、日当たりのよい場所に植えつけましたが、日陰でも育てられます。それから10年、ゆっくり成長しています。上に伸びて新しい葉が作られると、古くなった葉は下から垂れてきて枯れるので、枯れ葉は切り取ります。

| 樹木

ユキヤナギ
〔バラ科・落葉中木〕

3〜4月ごろ、枝垂れた枝一面に真っ白な小花を咲かせる様子は、雪が降り積もったような美しさです。花後に芽吹く新緑も繊細で、花壇の足元をやさしく彩ります。10月ごろに翌年の花芽を形成するため、花が終わった5月ごろに剪定します。込み入ったところや古い枝を剪定し、風通しをよくすることで病害虫の予防にもなります。強健で生育旺盛なので、地際から刈り込んでも秋までに新しい枝が伸び、翌年もよく咲きます。

テイカカズラ
〔キョウチクトウ科・つる性常緑木本〕

一般的に花色は白ですが、わが家のものは淡いオレンジ。初夏、風車のような小花が濃いグリーンの新緑を背景に、全面に咲き乱れて華やかです。つぼみが次々と開花し、途切れることなく咲き続けます。何かに絡まって伸びる性質を生かし、隣家からの目隠しとなるよう、ウッドデッキの支柱の脇に地植えして絡ませました。丈夫で育てやすく、半日陰でよく育ちます。ボリュームが出るため、花後に間引きや刈り込み剪定を行います。

カシワバアジサイ
〔アジサイ科・落葉低木〜中木〕

円錐形の大きな花房は華やかで、庭の主役にぴったり。初夏〜夏に咲く白い装飾花はやがて緑色になり、9月にはこげ茶色に変化。そのタイミングで枝ごと切り、立ち枯れた風情をドライにして楽しみます。カシワに似た大きな葉も特徴で、秋の紅葉も美しいです。剪定は落葉後に行いますが、花芽がついているので、あまり切りません。成長とともに株は広がるため、十分なスペースを確保して明るい半日陰に植えるとよいでしょう。

ビバーナム・スノーボール
〔スイカズラ科・落葉中木〕

アジサイに似た手まり状の花房は4〜5月に開花。淡い緑色から純白となり、清らかです。枝はしなやかで、花房の重みで自然と枝垂れます。カエデのような葉は新緑も紅葉も美しく、四季の変化も楽しみ。剪定は、8月以降に花芽がつくので、それまでに終えます。古い枝を切って若い枝を残すと、よく分枝し、花つきもよくなります。日なたから半日陰までどこでもよく育ちます。春にハムシが出たら、早めに薬剤散布を。

樹木

ピンクアナベル
〔 アジサイ科・落葉低木～中木 〕

別名アメリカアジサイと呼ばれるアナベルのピンク系品種、ピンカーベルです。初夏に咲く手まり状の花房は直径20～30cmになり、色はピンクからくすんだ緑へと変化。移りゆく花色も魅力で、緑になったら枝ごと切ってドライに。アナベルは春から伸びる新枝に花芽をつけるため、剪定は冬の間に行い、株元から5cmほどのところを切っても大丈夫です。剪定作業が容易で、日なたでも半日陰でも育つので、初心者におすすめです。

アジサイ
〔 アジサイ科・落葉低木～中木 〕

近所に群生地があり、庭の環境に合うと考えて秋色アジサイの苗を植えました。梅雨のころに赤紫色に咲いた手まり状の花房は、咲き進むとシックな秋色に。秋まで残して枝ごと切ってドライにします。ドライにしないなら、剪定は翌年の花芽ができる前、7月中が無難。通常は枝先を切り戻す程度で十分ですが、樹形を整えるなら強剪定を。その翌年の花は少なめになります。開花の前と後には活力素を。ほかのアジサイ類も同じです。

ミナヅキ
〔 アジサイ科・落葉低木～中木 〕

ノリウツギの園芸種で、円錐形をした花房の形からピラミッドアジサイと呼ばれることも。アジサイより開花が遅く、花期は7～9月と長いため、夏の間、アプローチを明るくさわやかに彩ります。白い装飾花は咲き進むにつれて緑色に変わり、枝はその重みで垂れ下がってきます。剪定は花が終わった10月ごろに、伸びすぎた枝などを切る程度です。日なたでも半日陰でも育ち、害虫被害もほぼないので育てやすいです。

テリハノイバラ
〔 バラ科・つる性落葉低木 〕

山野草セットに含まれていた苗を地植えに。日当たりのよい場所でも半日陰でも育ちます。初夏に咲く直径3〜4cmの一重咲きの白い小花は可憐で、花姿に魅了されます。生育旺盛で地面を這って育つため、アーチ状に仕立てました。光沢のある葉の美しさもボリュームたっぷりに味わえます。剪定は、花後に伸びすぎた枝を切り、冬に枯れ枝などを整理する程度で十分。丈夫ですが害虫は多いので、見つけたら早めに薬剤処理を。

ブッドレア
〔 ゴマノハグサ科・落葉中木〜高木 〕

小花が集まって咲く花穂は甘く香り、蝶を誘うことから英名はバタフライブッシュ。花色は白、紫など多彩です。初夏〜秋まで咲き続けるため、花がらはこまめに摘み取ります。日なたを好み、植えつけてから3年くらいたつと成長が早まり、株立ち状になって横に広がります。込み入った枝は間引きし、風通しをよくします。花芽は春に伸びた枝にできて咲くので、3月に剪定して樹形を整えます。暖地では落葉しないことも。

ライラック
〔 モクセイ科・落葉低木〜高木 〕

春から初夏にかけて、枝先に香りのよい紫色（白やピンクの品種も）の花を房状に咲かせます。その姿に憧れて南側に植えましたが、北海道や東北地方のような冷涼な土地を好むため、関東では育ちが悪くなるようです。特に夏の蒸し暑さは過酷で弱ってしまうため、風通しのよい北側に移植したら、毎年数輪ですが、花を咲かせます。冬の間に枯れ枝や込み入った枝を取り除くように剪定し、風通しをよくします。

樹木

アカシア・クレイワトル
〔マメ科・常緑低木〜中木〕

硬質なのこぎり形の葉から突き出るように、黄色い球状の小花を無数に咲かせます。このユーモラスな姿に惹かれ、育て始めました。開花は2〜4月ごろ。オーストラリア原産で、ミモザと同じくアカシアの仲間ですが、ゆっくりと成長し、コンパクトな樹形を保ちます。乾燥地に自生しているため、暑さには強いものの、蒸れや寒さは苦手。鉢で育てることで、日なたにも、冬に霜や寒風の当たらない場所にも簡単に移動できます。

モミ
〔マツ科・常緑高木〕

地植えするにはスペースが必要ですが、鉢植えならサイズが調整しやすく、高さ60cm程度を維持しています。日なたを好むため、季節によって置き場所を自由に移動できるのも鉢植えのメリットです。クリスマスが近づくとオーナメントを飾りつけ、1か月ほど室内でクリスマスツリーとして楽しんだ後は、屋外に戻します。春に新芽が出たら、古い葉は枯れるので取り除きます。水は土が乾いたらたっぷりと与えます。

ワイヤープランツ
〔タデ科・つる性常緑低木〕

横に這って長く伸び、旺盛に茂る性質を生かし、フェンスから枝垂れさせました。日当たりのよい場所や半日陰なら、順調に生育します。初夏〜夏に黄緑色の小さな花を咲かせます。わが家では1苗を地植えしただけなのにどこまでも伸び続け、これでもかなり剪定しました。伸びすぎた茎は4〜6月に切り戻し剪定でサイズを調整しますが、茎が重なって厚みが出たところは内側から枯れるので、すくように剪定することが大事です。

球根植物

チューリップ
〔 ユリ科・球根植物 〕

毎年テーマを決め、育てる品種を選びます。この年は白と黒の花色がテーマ。咲き方の違う品種をランダムに植えつけ、ナチュラルな印象の花壇に。11月に植えつけた直後と、その後、週に一度活力素を与えます。開花は4月ごろで、花がらは早めに花茎の元から摘み取ります。球根を肥大させるため、花後も活力素は必要。葉が黄変したら球根を掘り上げ、乾燥させて風通しのよい日陰で保存します。

球根植物

スノードロップ
〔ヒガンバナ科・球根植物〕

草丈約10cmで、純白の小花が下向きに咲く姿は可憐。球根は半日陰のアプローチに植えっぱなしなので、自然と分球して増えています。毎年1〜3月に開花しますが、暖冬の影響なのか、12月に咲く年も。新芽が出た後は、活力素を1週間に一度与えます。花は約2週間で終わりますが、花芽が次々と上がってくるので、花がらをこまめに摘み取ります。花後もチューリップと同様に活力素を与え、葉が黄変したら地上部を切ります。

アイリス
〔アヤメ科・球根植物〕

10cmほどの草丈で、クリーム色の花を咲かせる、ルイーズという小さな品種です。リップと呼ばれる花びらに入る黄色い模様がアクセント。このかわいらしい花姿に惹かれて選びました。11月ごろに球根を植えると、桜が咲くころに開花。球根は一般的に尖った側を上にして植えつけます。コーカサス地方に自生する野生種に近いので、肥料は控えめに。多肥は腐る原因になります。花後、地上部は枯れますが、植えっぱなしで大丈夫です。

ムスカリ
〔キジカクシ科・球根植物〕

3〜5月ごろに咲くブドウの房のような花姿は愛らしく、わが家では花色が紫、ピンク、水色の3品種を育てています。花色や咲き姿がより魅力的に映るよう、色ごとに固めて3か所に植えています。花がらはこまめに花茎の元から切り取ります。植えっぱなしでも毎年よく咲きますが、分球して球根が増えると花つきが悪くなりやすいので、2〜3年ごとに掘り上げるとよいでしょう。掘り上げ適期は、葉が黄色くなる6月中旬〜下旬。

シラー
〔キジカクシ科・球根植物〕

品種数が多いシラーの中でも、素朴で清楚な雰囲気のある小型のミスクトスケンコアナを育てています。草丈は15cmほどと低く、花びらには水色のラインが入り、さわやか。早咲きで3～4月に開花します。丈夫なので、数年前の秋に植えつけた後は、日当たりのよい通路に植えっぱなしで、肥料も施していません。花が終わったら、花がらを花茎の元から切ります。その後、梅雨の時期になると地上部は枯れて休眠期に入ります。

ダリア
〔キク科・球根植物〕

6月初めに開花苗を購入し、鉢に植え替えて育てました。一鉢置くだけで庭のアクセントになります。鉢植えは移動が簡単で、初夏と秋の開花期は日当たりのよい場所に、真夏は半日陰の涼しい場所に置いて暑さをしのぎます。花は次々に咲くので、花がらはその都度摘み取り、1週間に一度活力素を与えます。初夏の花が終わったころに切り戻すと、秋の花が充実します。冬は鉢が凍らないところで管理し、春に植え替えます。

アリウム
〔ネギ科・球根植物〕

高さ1m前後の花茎の先に、大きな球状の花を咲かせる姿は存在感があり、初夏の庭の主役になります。風で倒れないよう、支柱で支えます。白い花のマウントエベレストのほか、ピンク系のシルバースプリングも育てています。秋に植えつけ、花が枯れたら花茎の元から切り取ります。葉が枯れ始めたら球根を掘り上げ、チューリップと同じように吊るして保存。連作障害を起こすので、掘り上げた球根は別の場所に植えます。

球根植物

ヒヤシンス
〔 キジカクシ科・球根植物 〕

花の少ない早春から咲きはじめ、清らかな香りとともに庭を明るく彩ります。花色の違う2品種は「アプローチに白、花壇には紫」と、色別に分けて6球ずつ、11月に植えつけました。花色は交ぜるより同じ色だけでまとめたほうが、華やいで映ります。花がらは花茎の元から切り取り、葉が黄変したら球根を掘り上げ、チューリップと同様に吊るして保存します。植えつけ直後から葉が枯れるまで、2週間に一度活力素を与えます。

シラー・カンパニュラータ
〔 キジカクシ科・球根植物 〕

ムスカリの花と入れ替わるように5月ごろから咲き始めます。放射状に広がる葉はシルバーがかっていてきれい。その間から花茎を複数伸ばし、1本の花茎に釣り鐘形の花を10〜15輪咲かせます。草丈は20〜50㎝。新しい花茎も立ち上がってくるので、花が終わった花茎は早めに元から切り取ります。日なたでも半日陰でも育ち、植えっぱなしで大丈夫。肥料もほとんど必要としません。夏になると地上部は枯れて休眠期に入ります。

| ハーブ

ラベンダー
〔シソ科・常緑低木〕

葉に細かい切れ込みがあるのは、デンタータ系品種のスーパーサファイアブルー（写真左、中央）。四季咲きで、早春から晩秋まで花芽が上がり、大株に育ちます。咲き終わった花穂は、下から出ている花芽の上で切ります。生育旺盛で蒸れに弱く、込み合った部分や内側の枯れた葉を随時すくように剪定し、風通しをよくします。ウサギの耳のような苞葉が特徴のフレンチラベンダー（写真右）は、移動しやすい鉢で育てています。

ローズマリー
〔シソ科・常緑低木〕

立ち性種は成長しすぎて困った経験があり、タイプの違うほふく性種を5年ほど前から育て始めました。自立できないのでフェンス際に植えて、ほどよく垂れるように仕立てています。肥料は不要で、増えすぎることなく元気に育っています。料理やリース作りなど、必要なときに切るだけで、剪定もほとんどしません。地面についた枝を見つけたら切り取り、風通しをよくしています。冬でも咲く青い小花は可憐で、惹かれます。

タイム
〔 シソ科・常緑低木 〕

3品種あり、料理に使うのは立ち性のコモンタイム（写真右）。春〜初夏にピンクの小花を咲かせて花壇を彩るのは、立ち性のフレンチタイム（写真左上）。もう一種はほふく性のクリーピングタイム（写真左下）で、花壇のグラウンドカバーになり、白い小花も愛らしいです。いずれも生育旺盛で蒸れに弱いので、茎葉が密集したら短く刈り込み、風通しよく育てます。株分けや植え替えは、春〜秋（真夏を除く）に行います。

セージ
〔 シソ科・常緑低木 〕

白っぽい茎や葉が美しく、葉をこすると強く香るホワイトセージ（写真）は、浄化のハーブとして知られています。アメリカ南部からメキシコが原産地なので日当たりを好み、蒸れに弱いです。梅雨前に茂っていたら、すくように剪定します。料理用には、コモンセージを5年以上育てています。冬に地上部は枯れますが、春になると芽吹き、毎年収穫が楽しめます。上に細く長く育つので、初夏に切り戻して株を充実させます。

スイートバジル
〔 シソ科・一年草 〕

料理に使いたくて5月に苗を購入し、プランターに植えつけました。害虫予防のため、植えつけ直後に防虫ネットをかけます。葉が茂ってきたら、先端の葉を枝ごと切るとわき芽が伸び、枝数が増えて収量もアップします。下葉が込み合ってきたら、足元をすっきりさせて風通しよく。花が咲くと葉がかたくなるので、こまめに摘み取り、長く収穫を楽しみます。本来は多年草ですが、日本の冬を越せないため、一年草扱いです。

ホーリーバジル
〔 シソ科・一年草 〕

ハーブティーにしたときのスパイシーな香りが気に入り、昨年から育てています。種からも育てましたが、苗のほうが育ちがよいため、初心者には苗からがおすすめです。害虫の心配はあまりなく、地植えにしてネットなしで栽培しています。育て方はスイートバジルと基本的に同じですが、生育旺盛で横にどんどん広がります。穂状に咲くピンクの小花もかわいい。本来は多年草ですが寒さに弱く、日本では一年草扱いです。

レモンマリーゴールド
〔 キク科・多年草 〕

一般的なマリーゴールドとは異なり、こちらは多年草の品種。初夏〜秋まで咲き続ける一重のオレンジ色の小花は花壇の彩りになり、エディブルフラワーとして楽しめます。葉にレモンに似た香りがあり、根からの分泌液がナメクジなどを寄せつけないといわれています。生育旺盛で株は大きく育つので、1苗でも存在感があり、目を引きます。放置すると上に伸びて乱れやすいため、こまめに剪定することで草丈が抑えられて花数も増えます。

ハーブ

イタリアンパセリ
〔セリ科・二年草〕

真冬以外はいつでも収穫でき、トマト料理や肉料理、サラダ、スープなどの料理に使います。茎葉が込み合ったり、土についたりすると蒸れやすいため、切って風通しをよくします。初夏ごろ、花が咲きだすと、イモムシがやってきて食害するため、見つけたら茎ごと切り取ります。花が咲くと葉はかたくなるので、花芽は早めに摘み取ります。冬に地上部は枯れても春に再び芽吹きますが、数年たつと株が弱るので、新しい苗に更新します。

パセリ
〔セリ科・二年草〕

イタリアンパセリと育て方の基本は同じ。香りは葉が縮れたこちらのパセリのほうが強く、食感も違うため、料理によって使い分けています。日当たりのよい場所でも明るい半日陰でも育ちます。花が咲くと害虫がつきやすくなり、葉もかたくなるので、花茎を早めに摘み取ります。下葉が黄色く枯れてきたら切り取って。収穫は外葉からで、株元から手で摘み取ります。冬に地上部は枯れて春に芽吹きますが、株が弱くなってきたら更新を。

チャイブ
〔ネギ科・多年草〕

アサツキの仲間。やさしいネギの風味があり、スープの浮き実やハーブバターにするなど、重宝しています。春〜初夏に咲く淡紫色のポンポンみたいな小花は愛らしく、サラダの彩りにも。寒くなると地上部は枯れますが、翌春また芽吹きます。生育旺盛で、株元から切って収穫したら、約2週間で再生。夏に少し弱ることもありましたが、春から秋まで繰り返し収穫できます。害虫の心配もなく、毎年出てくるので、育てやすいです。

オレガノ
〔 シソ科・多年草 〕

苗を植えつけて約5年。とにかく生育旺盛で這うように横に伸びるので、こまめに剪定して広がりすぎないようにしています。冬になると地上部は枯れて春に新芽を出し、どんどん成長します。込み入ったところが出てきたら、収穫を兼ねて剪定します。茎葉が重なり、内側から枯れてきたら、すくように剪定することも。初夏になると、薄ピンク色の小花が無数に咲いてきれいです。葉はトマト料理などによく合います。

エキナセア
〔 キク科・多年草 〕

育てているのは、比較的小ぶりで白色がきれいなハッピースター。まとめて植えると映えるので、日当たりのよい場所に3〜4株ずつ植えつけました。庭の花が少なくなる7月ごろに開花し、晩秋まで咲き続けます。次々と咲くので、花がらは早めに摘み取ります。花束やドライフラワーにして部屋に飾ることも。冬は地上部が枯れて休眠していますが、5月ごろから勢いよく育ちます。害虫がつきやすいので、薬剤を使うこともあります。

タラゴン
〔 キク科・多年草 〕

甘さと鋭い香りが特徴のフレンチタラゴンは、オムレツやローストチキン、ハーブビネガーなどに使います。6月ごろに苗を植えつけてから3年。毎年、冬に地上部は枯れますが、春に芽吹いて成長し、寒くなるまで収穫できます。茎が細くて上に伸びるため、重みで枝垂れてきます。自立できないので、鉢スタンドや支柱で支えます。花はめったに咲かないため、増やすなら挿し木や株分けで。根茎が地下で這って広がります。

ハーブ

フェンネル
〔 セリ科・多年草 〕

魚のハーブとして有名なスイートフェンネル。魚のソテーのほか、オムレツなどにも使います。高さ1m以上に育ち、株も大きくなるので、スペースを考えて春に植えつけます。乾燥には比較的強いです。収穫は、地上部が枯れる晩秋まで可能。冬に休眠し、春になると再び芽吹き、高さ30～40cmになったら収穫を始めます。初夏～夏に黄色いレース状の花を咲かせますが、開花すると害虫がつきやすいので早めに切り取ります。

レモンバーム
〔 シソ科・多年草 〕

葉にも、初夏～夏に咲く白い小花にもレモンのような香りがあり、さわやか。丈夫で生育旺盛ですが、ミントほど繁殖しないので、ミントの代わりに育ててお茶にしたり、お菓子に添えたりしています。日なたを好みますが、半日陰でも育つため、低木の足元で栽培。そのせいか、生育もほどよく抑えられ、必要なときに収穫するだけで切り戻しはしていません。冬に地上部は枯れますが、春に再び芽吹きます。

レモングラス
〔 イネ科・多年草 〕

苗を植えたら約5年で直径50cmほどの大株に。植えつける際は、成長するサイズを見込んで場所を選ぶとよいでしょう。足元に別のハーブも育てていますが、陰にならないよう間隔を空けて植えつけています。北側で育てる前は、南側の花壇でも育てましたが、どこでも生育旺盛で手はかかりません。冬に地上部は枯れ、春に芽吹いて初夏ごろ茂ってきたら、収穫開始。地際から切り取ります。お茶や料理、クラフトに活用しています。

一年草

パンジー
〔 スミレ科・一年草 〕

カラフルな花色を鉢植えにして、ガーデンテーブルの上に飾っています。草丈が低い花なので、目線に近い場所で育てると、花顔がきれいに見えておすすめです。品種が豊富にそろう11～12月に購入したら、翌5月ごろまで次々と咲き続けます。花がら摘みをこまめに行い、1週間に一度活力素を与えると美しい状態で長く楽しめます。春、気温の上昇とともに茎が間延びし、葉も黄色くなってきたらそろそろ終わりのサイン。

ワスレナグサ
〔 ムラサキ科・一年草 〕

3月後半～5月に咲く可憐な水色の小花は、春の庭に欠かせない存在。毎年、春にポット苗を購入し、小道の花壇に3苗を植えます。まとめて植えると魅力が引き立ち、見栄えがよくなります。花後は、花茎のつけ根から摘み取ります。活力素は10日に一度を目安に、多いと花つきが悪くなるので生育を見て与えます。本来は多年草ですが、日本の夏を越せないため、一年草扱い。そのため、花が終わったら株ごと抜きます。

> 一年草

ルピナス
〔 マメ科・一年草 〕

群生する北欧やカナダの庭の雰囲気を楽しみたくて毎年、春先に出回る苗を植えます。性質も草丈も花色も種類の多い植物ですが、選ぶのは草丈が抑えられた一年草扱いの小型種です。コンパクトに育つので、小道の花壇に植えています。開花は4〜6月。春から初夏へと移ろう庭をさわやかに彩ります。花穂全体が咲き終わったら、花茎のつけ根で切り取ります。脇から二番花、三番花の花茎が立ち上がり、次々に開花します。

ブラックレースフラワー
〔 セリ科・一年草 〕

レース状の黒系の花はおしゃれで、初夏に花つき苗を購入して植えました。枝分かれしながら花数も増えて次々と咲き、長く開花。レース状の花の直径は約10cmで、草丈も90cmほどに育ちます。大きくなるので、スペースを確保して植えつけましょう。花は終わると花びらを閉じて丸くなります。ダウカスシードの名で切り花でも流通しているこの状態（写真右）で切り、ドライにして飾ります。こぼれ種でも増えるようなので楽しみです。

多年草

クリスマスローズ
〔 キンポウゲ科・多年草 〕

寒さに強く、花の少ない冬に下向きに咲く控えめな姿が魅力的。夏の直射日光は苦手で明るい半日陰を好みます。一重（写真）、八重、ピンク色の濃淡など品種は多く、場所別に咲き方や花色をそろえて3か所で育てています。花びらに見えるのはガク片で、花後も長く残って楽しめます。ただし、翌年の成長に栄養が回るよう、種（写真右）ができる前に花茎を株元から切り取ります。切った花は花器に飾るほか押し花にしても。

スズラン
〔 キジカクシ科・多年草 〕

白いベル形の花が連なる様子は愛らしく、清楚。切り花で出回る根つきのものを5年前に植えつけました。高温多湿が苦手で明るい日陰を好むため、わが家ではギンドロ（落葉樹）の足元に植えっぱなしです。毎年4～5月に咲き、地下茎で伸びた新芽が翌年違う場所から出てくることも。花が終わったら花茎の元から切ります。葉は秋まで青々と茂っています。新芽が動きだす前の3～4月と、花後の6月ごろに活力素を与えます。

ディアスキア・ダーラ
〔 ゴマノハグサ科・多年草 〕

日当たりのよい場所を好みますが、高温多湿に弱いため、梅雨～夏は明るい半日陰の涼しい場所が向いています。鉢植えにした株は這うように広がって茎はふんわりと伸び、自然と枝垂れます。株いっぱいにピンク色の可憐な小花を咲かせる姿はかわいらしく、庭を明るく彩ります。花は夏に少し減りますが、早春から霜が降りるころまで咲き続けます。こまめに花がらを摘み取り、枝が伸びすぎて乱れたら短く切り戻します。

多年草

アルメリア
〔イソマツ科・多年草〕

春のアプローチの足元を彩る白い小花が欲しくて、3月に苗を5ポット植えつけました。ある程度まとめると植えつけ直後から自然な雰囲気になり、そのうち花茎が次々と伸びて咲き、こんもりとした魅力的な株姿に。花がらは株元からこまめに切り取り、開花期が終わる5月ごろまで美しい花姿をキープします。草丈は10cmほど。細長い線状の葉は常緑なので、花後も密に茂ります。冬の寒さに耐えたら、春に再び咲きます。

フランネルフラワー
〔セリ科・多年草〕

ふわふわとした質感が特徴。日当たりのよい場所を好むものの雨は嫌うので、移動しやすい鉢に植えました。育てているのは、春と秋に開花するフェアリー・ホワイト。花びらの先端が緑色をした清楚な白花です。次々と咲くので、花がら摘みは頻繁に。最後は、花芯がタンポポの綿毛のようになって弾けるので、花茎ごと切り取ります。開花後は短く切り戻し、冬は室内の明るい場所で乾かしぎみに育てます。

カンパニュラ
〔キキョウ科・多年草〕

種類が豊富な中から、風通しのよい日陰～半日陰に向く種類を地植えに。細い茎に釣鐘形の白い花を咲かせるのは、ホワイトジェム（写真左）。草丈約30cmで、初夏～夏まで次々と花茎が上がってきます。紫色の花（写真右）はラプンクロイデス。花は下から順に咲くので、終わった花がらは摘み、花後は花茎ごと株元から切り取ります。冬は落葉し、春になると新芽を出します。地下茎を伸ばして広がります。

アカンサス・モリス
〔 キツネノマゴ科・多年草 〕

初夏に1.2mほどの花茎を伸ばし、紫がかった大型の花を穂状に咲かせます。1株から花茎が同時に3～5本上がり、花も一気に咲くため、豪快で華やか。花後は花茎ごと株元から切り取ります。深く切れ込んだ大きな艶葉は真夏に一度枯れるので、株元から切り取ると、秋に新芽を出して再び茂ります。そのまま冬を越すため、寒い時季の庭が寂しくありません。日なた～半日陰で育ちますが、ある程度のスペースが必要です。

チョコレートコスモス
〔 キク科・多年草 〕

チョコレートのような甘い香りと、シックな花色とたたずまいが気に入っていますが、高温多湿に弱く、何度か夏越しできず植え直しています。葉が込み合ってきたら剪定し、風通しをよくします。開花期は長く、真夏を除いて初夏～秋まで。初夏の花後に切り戻すと、秋の開花が充実します。冬の間、地上部は枯れてなくなりますが、春になれば再び新芽が出ます。鉢植えにすると、季節や天候に合わせて移動できます。

多年草

カリガネソウ
〔 シソ科・多年草 〕

日本の山地に自生しており、日当たりのよい場所を好みますが、半日陰でも育ちます。丈夫で、株の下で分枝して高さ1mほどに育つため、こんもりと横広がりに。葉に触れると独特なにおいがし、秋に花びら5枚の個性的な花を咲かせます。花がらは自然に落ち、花後に切り戻すと脇から新しい花芽が出てきます。冬に地上部が枯れたら刈り込み、翌春の芽吹きを待ちます。手をかけなくても毎年きれいに咲いてくれます。

シュウメイギク
〔 キンポウゲ科・多年草 〕

直射日光の当たらない明るい半日陰を好み、5年ほど育てています。晩夏から花茎を伸ばし、秋に開花。花びらに見えるのはガク片です。細長い花茎が花の重みで倒れないよう、支柱を立てて支えます。種をつけると株が弱るため、花後は株元から花茎を切りますが、花がらを残すと晩秋に綿毛のように。冬は落葉し、初夏ごろから芽吹き、大きく成長します。地下茎で増えて草丈約1mになるので、広さのある場所に植えます。

ペニセタム
〔 イネ科・多年草 〕

オーナメンタルグラスとして人気。やわらかな穂が風に揺れる姿に秋を感じます。夏から花穂を伸ばし、晩秋まで観賞できます。寒くなって穂が枯れたら株元から切り取りますが、葉は残り、冬を越します。春に新芽が出てくるので、黄色くなった古い葉は株元から切り取りましょう。日当たりのよい場所なら暑さにも強く、丈夫。品種によって葉色が緑色や赤茶色のものなどがあるので、庭の雰囲気に合わせて選ぶとよいでしょう。

カレックス
〔 カヤツリグサ科・多年草 〕

数ある品種の中から、ブロンズカール（写真）とブロンズフォームを育てています。ふわりと茂る細葉の繊細なラインや、赤茶系の褐色を帯びた葉色の美しさが魅力。日なたを好むため、地植えは3株、残り2株は鉢に植え、日なたを求めて移動できるように。暑さにも寒さにも強く、丈夫で手がかかりません。冬の間も保っていたきれいな葉色は、春になると色あせ、傷みます。新葉が4月には勢いよく出るので、古い葉は早めに刈り込みます。

ギボウシ
〔 キジカクシ科・多年草 〕

明るい半日陰を好み、長年育てている斑入り葉（写真右）の隣に、緑葉（写真左）を追加で植えました。2株にすることでボリューム感が生まれ、葉色の配色も楽しめます。初夏〜秋にかけて長く伸びた花茎の先に花を咲かせます。寒くなると地上部はなくなり、春に新芽が出ます。葉の充実とともに株も成長しますが、そのころナメクジの食害にあうことも。蒸れないよう、地面についた下葉は切り、風通しをよくします。

ユキノシタ
〔 ユキノシタ科・多年草 〕

草丈約30cmで、丸い常緑の葉も初夏に華奢な花茎を伸ばして咲く小花もかわいいので、アプローチのグラウンドカバーにしようと1株植えつけました。半日陰の湿った環境が合ったようで、10年以上の付き合いです。親株からランナーを伸ばし、その先端に子株をつけてよく増えるため、今ではアプローチの随所に株が育っています。強い日差しと乾燥は大敵ですが、寒さに強く、病害虫の心配もほぼなく、放任でよく育ちます。

増田由希子（ますだ・ゆきこ）

「f plus（エフプラス）」主宰。フラワースタイリスト。花の教室、NHK文化センター講師、企業の展示会装花、オリジナルワイヤー花器の制作等、幅広く活動中。花のスタイリングを写真で紹介するインスタグラムが人気。14年前から自宅の庭づくりを始め、庭で育てた草花を切り花にして飾ったり、ハーブを料理に取り入れたりと、植物のある暮らしを楽しむ。

Website　http://fplus.s2.weblife.me/
Instagram　@nonihana_

飾って、食べて、暮らしを楽しむ
半日陰を生かした美しい庭づくり

2025年2月20日　第1刷発行

参考資料

『暮らしに寄りそう庭づくり　新しい植物図鑑』(朝日新聞出版)
『NHK趣味の園芸　日照条件でわかる宿根草ガイドブック』(NHK出版)
『NHK趣味の園芸　4つの役割が決め手！宿根草でつくる自分好みの庭』(NHK出版)
『NHK趣味の園芸ビギナーズ　育てておいしいまいにちハーブ』(NHK出版)
『別冊NHK趣味の園芸　四季をはこぶ球根草花』(NHK出版)
『宿根草図鑑 Perennials』(講談社)
『「園芸店で買った花」をすぐ枯らさない知恵とコツ』(主婦の友社)
『基礎の基礎からよくわかるはじめてのハーブ 手入れと育て方』(ナツメ社)
『ハーブのすべてがわかる事典』(ナツメ社)
『日陰でも大丈夫！本当に小さな庭づくり』(日本文芸社)

著者	増田由希子			
発行者	木下春雄			
発行所	一般社団法人 家の光協会			
	〒162-8448		撮影	馬場わかな（一部著者撮影）
	東京都新宿区市谷船河原町11		デザイン	高橋 良 [chorus]
	電話　03-3266-9029（販売）		取材	山本裕美（p.114～143）
	03-3266-9028（編集）		校正	安久都淳子
	振替　00150-1-4724		DTP制作	天龍社
印刷・製本	株式会社東京印書館		編集	広谷綾子

乱丁・落丁本はお取り替えいたします。定価はカバーに表示してあります。
本書のコピー、スキャン、デジタル化等の無断複製は、著作権法上での例外を除き、禁じられています。本書の内容の無断での商品化・販売等を禁じます。

©Yukiko Masuda 2025 Printed in Japan
ISBN 978-4-259-56827-6 C0061